科技农业
高效农业

罗氏沼虾这样养殖

就赚钱

羊　茜　占家智　编著

U0227356

科学技术文献出版社
SCIENTIFIC AND TECHNICAL DOCUMENTATION PRESS
·北京·

图书在版编目（CIP）数据

罗氏沼虾这样养殖就赚钱 / 羊茜，占家智编著. —北京：科学技术文献出版社，2016.7（2025.6重印）

ISBN 978-7-5189-1672-6

Ⅰ.①罗…　Ⅱ.①羊…②占…　Ⅲ.①罗氏沼虾—淡水养殖　Ⅳ.① S966.12

中国版本图书馆 CIP 数据核字（2016）第 151745 号

罗氏沼虾这样养殖就赚钱

策划编辑：孙江莉　责任编辑：孙江莉　杨　茜　责任校对：赵　瑗　责任出版：张志平

出 版 者	科学技术文献出版社	
地 址	北京市复兴路15号　邮编　100038	
编 务 部	（010）58882938，58882087（传真）	
发 行 部	（010）58882868，58882874（传真）	
邮 购 部	（010）58882873	
官 方 网 址	www.stdp.com.cn	
发 行 者	科学技术文献出版社发行　全国各地新华书店经销	
印 刷 者	北京虎彩文化传播有限公司	
版 次	2016 年 7 月第 1 版　2025 年 6 月第 6 次印刷	
开 本	850×1168　1/32	
字 数	170千	
印 张	9.375	
书 号	ISBN 978-7-5189-1672-6	
定 价	23.00元	

随着人们生活水平的提高，人们的膳食结构也发生了很大变化，食物中高蛋白、低脂肪的食品比重也越来越大，罗氏沼虾以它特有的风味和保健功能成为人们竞相食用的佳品，也是我国长期以来在国际市场上出口创汇的品种。

自20世纪80年代以来，我国的罗氏沼虾养殖业骤然兴起，并快速在全国各地推广开来，经过多年的发展和探索，目前已经形成了许多富有成效的养殖模式，但同时也存在一些养殖户长期亏损的现象。

罗氏沼虾怎么养才能赚钱？为了帮助广大农民朋友掌握最新的罗氏沼虾养殖技术，通过养殖来赚钱，本书作者总结了生产过程中的一些经验，编写了《罗氏沼虾这样养殖就赚钱》一书。本书的一个重要特点就是简化对罗氏沼虾养殖理论基础的探讨，重点解决在生产实际中的问题，有针对性地提出各种养殖方式。本书重点介绍罗氏沼虾的生物学特征、生活习性与养殖的关系；罗氏沼虾的繁殖、幼虾培育；池塘养殖、池塘混养、罗氏沼虾和其他的鱼虾蟹混养等；微孔管道增氧养殖、稻田养罗氏沼虾、网箱养虾、罗氏沼虾的立体综合养殖等。在每一种养殖方式中，对清塘除害、清塘消毒、培养基础饵料生物、种苗的选择和放养、科学投喂、养殖过程中的水环境调控和罗氏沼虾的疾病预防治等都做了细致的讲解，力求将目前罗氏沼虾养殖的最新技术、最新成果展示给广大读者，本书融实用性、先进性、通俗性、操作性和可读性于一体，希望能给广大农民朋友带来福音。

本书的养殖方案实用有效，可操作性强，适合全国各地罗氏沼虾养殖区的养殖户参考，对水产技术人员也有一定的参考价值。由于时间紧迫，技术水平有限，本书中难免会有些失误，恳请读者朋友指正为感。

作　者

目录
CONTENTS

第一章　罗氏沼虾的生物学特性 ……………（1）

第一节　罗氏沼虾的分类地位及其分布 ………（1）

一、分类地位 ……………………………（1）

二、原始分布 ……………………………（2）

三、推广分布 ……………………………（2）

四、在我国的养殖分布 …………………（3）

第二节　罗氏沼虾的形态特征和内部构造 ……（4）

一、罗氏沼虾的形态特征 ………………（4）

二、罗氏沼虾的内部结构 ………………（8）

三、罗氏沼虾的生活习性 ………………（13）

第二章　池塘养殖罗氏沼虾 ………………（28）

第一节　池塘养殖罗氏沼虾的现状 …………（28）

一、传统养殖罗氏沼虾的弊端 …………（28）

二、罗氏沼虾养殖中存在的问题 ………（29）

三、提高罗氏沼虾经济效益的基本

措施 …………………………………（31）

四、罗氏沼虾养殖模式 …………………（41）

第二节　池塘环境 ……………………………（45）

一、养殖场的选择 ……………………… (45)

二、池塘的设计 …………………………… (48)

三、池塘的条件 …………………………… (49)

第三节　池塘的处理 …………………… (54)

一、池塘的清整 …………………………… (54)

二、隐蔽物的选择与设置 ……………… (59)

三、生石灰清塘 …………………………… (65)

四、漂白粉清塘 …………………………… (66)

五、生石灰、漂白粉交替清塘 ………… (67)

六、漂粉精和三氯异氰尿酸清塘 ……… (67)

七、茶饼清塘 ……………………………… (68)

八、生石灰和茶碱混合清塘 …………… (68)

九、虾蟹保护剂清塘 …………………… (68)

第四节　养虾池塘的施肥 ……………… (69)

一、水的肥度与类型 …………………… (70)

二、罗氏沼虾池塘水质的判断方法 …… (76)

三、池塘施肥养殖罗氏沼虾的作用 …… (81)

四、无机肥料的施用 …………………… (82)

五、有机肥料的施用 …………………… (85)

六、有机肥料、无机肥料配合施用 …… (89)

七、施肥的十忌 ………………………… (90)

八、施肥养殖罗氏沼虾的注意事项 …… (94)

第五节　虾苗的放养 …………………… (95)

一、罗氏沼虾虾苗的放养模式 ………… (95)

二、虾苗的质量 ………………………… (96)

三、虾苗的中间培育及淡化 …………（98）

四、无病毒苗种供应 …………（99）

五、虾苗的运输 …………（100）

六、虾苗的试水 …………（100）

七、放养时间 …………（101）

八、放养密度 …………（102）

九、放养技巧 …………（104）

十、虾苗入塘后的早期管理 …………（105）

第六节　科学投饵 …………（106）

一、饵料的品种 …………（106）

二、配合饲料 …………（107）

三、人工饲料的配制 …………（109）

四、饵料台的设置 …………（115）

五、四定投喂技巧 …………（116）

六、投喂管理 …………（119）

第七节　罗氏沼虾池塘的水质监控与管理 …（122）

一、水质因子对养殖的影响 …………（123）

二、及时换注新水 …………（124）

三、合理投饵施肥 …………（125）

四、适当泼洒生石灰 …………（127）

五、定期使用水质保护剂 …………（127）

六、防止罗氏沼虾浮头和泛池 …………（127）

七、合理使用有益微生物制剂来调节

水质 …………（128）

八、积极防范硫化物 …………（132）

第八节　其他的饲养管理 …………………………（135）

一、建立养殖档案 …………………………（135）

二、增氧机的配备与使用 …………………（136）

三、采用微管增氧措施养殖罗氏沼虾 …（140）

四、巡塘 ……………………………………（144）

五、加强养殖用水的监管 …………………（144）

六、定期估测池塘里罗氏沼虾的数量 …（144）

七、定期检查 ………………………………（145）

八、避免因药源性因素导致疾病的出现 …（145）

九、越冬 ……………………………………（146）

第九节　罗氏沼虾的捕捞 …………………………（146）

一、捕捞原则 ………………………………（147）

二、捕捞时间 ………………………………（147）

三、捕捞工具 ………………………………（147）

四、捕捞方法 ………………………………（147）

第十节　剖析罗氏沼虾养殖的误区 …………（149）

一、水质管理的误区 ………………………（149）

二、苗种投放上的误区 ……………………（151）

三、混养上的误区 …………………………（152）

四、饵料投喂的误区 ………………………（152）

五、捕捞不及时用网不合理 ………………（154）

第三章　稻田生态养殖罗氏沼虾 …………………（155）

第一节　稻田养殖罗氏沼虾的理论基础 ……（155）

一、稻田生态养殖罗氏沼虾的原理 ……（155）

二、稻虾连作的特点 ················ (156)

三、养虾稻田的生态条件 ·········· (158)

第二节 田间工程建设 ················ (160)

一、稻田的选择 ················ (160)

二、开挖虾沟 ···················· (161)

三、加高加固田埂 ·············· (161)

四、遮阳棚 ······················ (162)

五、进排水系统 ················ (162)

第三节 水稻栽培 ···················· (162)

一、水稻品种选择 ·············· (163)

二、育苗前的准备工作 ·········· (163)

三、种子处理 ···················· (164)

四、播种 ························ (167)

五、秧田管理 ···················· (169)

六、培育矮壮秧苗 ·············· (171)

七、抛秧移植 ···················· (172)

八、人工移植 ···················· (173)

第四节 罗氏沼虾的放养及管理 ······ (175)

一、放养前的准备工作 ·········· (175)

二、罗氏沼虾苗种放养 ·········· (176)

三、饵料的投喂 ················ (178)

四、水位控制和水质管理 ········ (180)

五、科学施肥 ···················· (180)

六、科学施药 ···················· (181)

七、加强其他管理 ·············· (182)

八、收获 ……………………………………（183）

九、需要特别注意的问题 ………………（184）

第四章　罗氏沼虾立体生态养殖技术 …………（185）

一、罗氏沼虾立体生态养殖 ……………（185）

二、林、鸡、猪、罗氏沼虾的立体生态
养殖效益 ………………………………（186）

三、场地选择 ……………………………（188）

四、基础设施 ……………………………（188）

五、饲料配制与投喂 ……………………（189）

六、养殖管理 ……………………………（193）

第五章　罗氏沼虾的生态混养技术 …………（195）

第一节　罗氏沼虾生态混养的原则 …………（195）

一、罗氏沼虾生态混养的意义 …………（195）

二、罗氏沼虾生态混养品种搭配的
原则 ………………………………………（196）

三、罗氏沼虾生态混养的几种类型 ……（197）

第二节　罗氏沼虾与河蟹生态混养 …………（198）

一、池塘选择 ……………………………（198）

二、配套设施 ……………………………（199）

三、池塘准备 ……………………………（201）

四、苗种投放 ……………………………（203）

五、饲料投喂 ……………………………（204）

六、加强管理 ……………………………（204）

七、捕捞 …………………………………… (205)

第三节 罗氏沼虾与青虾生态轮养 ………… (205)

一、时间衔接 ……………………………… (205)

二、虾池配套 ……………………………… (206)

三、清塘消毒 ……………………………… (206)

四、虾苗放养 ……………………………… (207)

五、饵料投喂 ……………………………… (208)

六、水质调节 ……………………………… (208)

七、日常管理 ……………………………… (209)

八、成虾收获 ……………………………… (209)

九、注意事项 ……………………………… (210)

第四节 罗氏沼虾与草鱼生态混养 ………… (210)

一、池塘条件 ……………………………… (210)

二、池塘必要设施 ………………………… (211)

三、放养前的准备工作 …………………… (212)

四、放养苗种 ……………………………… (213)

五、养殖管理 ……………………………… (214)

六、收获 …………………………………… (215)

第五节 罗氏沼虾与罗非鱼生态混养 ……… (216)

一、虾塘选择 ……………………………… (216)

二、配套设施 ……………………………… (217)

三、放养前的准备工作 …………………… (217)

四、苗种放养 ……………………………… (218)

五、科学管理 ……………………………… (218)

六、及时收获 ……………………………… (220)

　　第六节　罗氏沼虾的运输 ……………………（220）

　　　一、虾苗的运输 ………………………………（220）

　　　二、亲虾的运输 ………………………………（222）

　　　三、成虾的运输 ………………………………（225）

第六章　罗氏沼虾的疾病防治 …………………（227）

　　第一节　罗氏沼虾疾病发生的因素 ……………（227）

　　　一、环境因素导致疾病的发生 ………………（227）

　　　二、生物因素导致疾病的发生 ………………（230）

　　　三、人为因素导致疾病的发生 ………………（232）

　　　四、罗氏沼虾肌体内部因素也可能导致

　　　　　疾病的发生 ………………………………（233）

　　第二节　罗氏沼虾疾病的防治原则 ……………（233）

　　　一、防重于治的原则 …………………………（233）

　　　二、强化饲养管理、控制疾病传播的

　　　　　原则 ………………………………………（235）

　　　三、对症下药、按需治疗的原则 ……………（236）

　　　四、了解药物性能、科学用药的原则 ………（236）

　　　五、按规定的疗程和剂量用药的原则 ………（237）

　　　六、观察疗效、总结经验的原则 ……………（238）

　　　七、大力推广健康养殖、实行生态综合

　　　　　防治的原则 ………………………………（239）

　　第三节　罗氏沼虾疾病的预防措施 ……………（239）

　　　一、建立病害预警系统 ………………………（240）

　　　二、重视虾池修整 ……………………………（240）

三、供应优质虾苗 ……………………（242）

四、培育和放养健壮苗种 ……………（242）

五、养虾用水的处理 …………………（242）

六、营造良好的水色 …………………（243）

七、及时投喂药饵 ……………………（244）

八、科学投喂 …………………………（244）

九、对食场进行消毒 …………………（245）

十、合理的放养密度 …………………（246）

第四节 科学用药 ………………………（246）

一、用药方法 …………………………（246）

二、药物选用的基本前提 ……………（247）

三、辨别虾药的真假 …………………（248）

四、正确选购虾药 ……………………（249）

五、准确计算用药量 …………………（250）

第五节 罗氏沼虾生病的诊断 …………（250）

一、从罗氏沼虾的活动来诊断 ………（251）

二、从罗氏沼虾的体色来诊断 ………（251）

三、从罗氏沼虾的排泄物来诊断 ……（251）

四、从罗氏沼虾身体其他的变化来

诊断 ………………………………（252）

五、从养殖周围环境水体的变化来

诊断 ………………………………（252）

第六节 罗氏沼虾常见疾病的治疗 ……（252）

一、莫格球拟酵母菌病 ………………（252）

二、烂鳃病 ……………………………（253）

三、红腿病 …………………………………（255）

四、肠炎病 …………………………………（256）

五、黑鳃病 …………………………………（257）

六、其他的鳃病 ……………………………（258）

七、弧菌病 …………………………………（259）

八、软壳病 …………………………………（260）

九、硬壳病 …………………………………（261）

十、固着类纤毛虫病 ………………………（262）

十一、水霉病 ………………………………（264）

十二、细菌性坏死症 ………………………（264）

十三、肌肉变白坏死病 ……………………（265）

十四、白虾病 ………………………………（267）

十五、白斑病 ………………………………（268）

十六、甲壳溃疡病 …………………………（269）

十七、烂尾病 ………………………………（271）

十八、亚硝酸盐中毒症 ……………………（271）

十九、应激性反应 …………………………（272）

二十、偷死病 ………………………………（273）

二十一、缺氧 ………………………………（276）

二十二、营养缺乏症 ………………………（279）

二十三、肝胰萎瘪症 ………………………（281）

二十四、敌害类 ……………………………（281）

第一章　罗氏沼虾的生物学特性

了解罗氏沼虾的生物学特性，掌握它的生长发育规律及其所需的外界环境条件，从而在养殖生产中有针对性地采取相应的管理措施，来满足罗氏沼虾生长发育，这是获得罗氏沼虾高产高效的前提。

第一节　罗氏沼虾的分类地位及其分布

一、分类地位

罗氏沼虾又名马来西亚大虾，也称金钱虾（台湾）、白脚虾、长臂虾、万氏罗氏沼虾，是一种大型长臂淡水虾，也是世界上最大的淡水虾之一，素有淡水虾王之称。

罗氏沼虾（M. Rosenbergii De Man）在分类上隶属于节肢动物门（Arthropoda）、甲壳纲（Crustacea）、十足目（Decapoda）、长臂虾科（Palaemonidae）、沼虾属（Macrobrachium）。沼虾属是真虾派中包含的品种最多的属，目前已经发现有130多种，其中大部分品种可以供给人们食用，具有很高的经济价值和养殖推广价值。

二、原始分布

罗氏沼虾原产于印度洋、太平洋地区的热带和亚热带地区，包括东南亚各国的淡水和咸淡水区域的湖泊、河流中，主要栖息于河川，以受到潮汐影响的下游较多。罗氏沼虾的生长发育有个显著的特点，它的幼体需要生活在有一定盐度的咸淡水中，在变态成幼虾后，就逐渐溯河上游，栖息于江湖、河道的淡水水域中。

三、推广分布

从养殖角度来说，罗氏沼虾具有生长快、个体大、食性广、易饲养管理以及养殖周期短、离水存活时间长等特点，因此深受世界各地养殖场欢迎，是目前世界上养殖量最高的三大虾种之一。20 世纪 60 年代开始人工养殖罗氏沼虾以来，发展迅速，先后移养于亚洲、欧洲、大洋洲、美洲以及非洲等一些气候温暖的国家和地区。

1961 年，美籍华人驻联合国官员、著名的生物学家林绍文博士在马来西亚的槟榔屿海洋渔业研究所研究罗氏沼虾育苗的课题时，发现罗氏沼虾的幼体必须在一定的盐度环境条件下，才能生存和发育，他在实验室里首次完成了罗氏沼虾全部生活史的养殖试验，取得了罗氏沼虾育苗成功，当时引起了国际上的重视。紧接着，他又进行了池塘养殖罗氏沼虾的试验，并于 1963 年取得了突破性成功，这种由实验室到池塘养殖的全面成功，标志着从此结束了养殖罗氏沼虾时必须依赖天然虾苗的被动局面，由此拉开了全世界范围内大规模的人工养殖罗氏沼虾的大幕。

从此，日本、美国、英国等国家先后引进罗氏沼虾，开展苗种培育和养殖的进一步研究。1965年，美国夏威夷首先从马来西亚引进了罗氏沼虾，日本于1971年从泰国引进罗氏沼虾，后来英国、以色列等国陆续从泰国引进罗氏沼虾，而美洲诸国则相继从美国的夏威夷引进罗氏沼虾。

四、在我国的养殖分布

我国引进并养殖的历史不长，1967年台湾省首引成功。而大陆则于1976年从日本引进，当年9月，日本驻华大使赠送给中国国家水产总局40尾亲虾，其中雌虾39尾，雄虾1尾。中国国家水产总局交由中国科学院进行研究，而中科院则将这些亲虾放在了温度更适宜罗氏沼虾养殖的广东省，由广东省水产研究所芳村淡水养殖试验场饲养，于1977年繁殖出种苗76600只，以后便在全省推广养殖。目前主要在广东、广西、湖南、湖北、浙江、上海、江苏、安徽、福建、河南等南方10多个省（市、区）大面积推广养殖，以广东发展最快，一般亩产可达100～200千克，取得了明显的经济效益。

总之，通过各国间相互引进饲养，目前罗氏沼虾这种优质虾种已经遍布世界五大洲，成为世界性的优质养殖淡水虾品种。

第二节 罗氏沼虾的形态特征和内部构造

一、罗氏沼虾的形态特征

1. 体节

罗氏沼虾的形态同我国南方各省分布的青虾相似，但个体远比青虾大，原产地雄虾最大个体体长可达40厘米，体重600克，雌虾体长25厘米，体重200克。罗氏沼虾的躯体肥大、比海水对虾粗短，由于它的头部和胸部一起构成头胸部，因此整个身体分为头胸部和腹部两大部分，头胸部粗大，腹部自前向后逐渐变小，末端尖细。整个身体由20个体节组成。其中头部5节、胸部8节、腹部有6节、尾部1节。

2. 头胸甲

罗氏沼虾虾体表面包裹着一层几丁质的骨骼，是为了保护内部柔软机体和附着的筋肉，各体节之间以薄而坚韧的膜相连，使体节可自由活动。与身体特征相对应的是，它的甲壳也分为头胸甲和腹甲两大部分。头胸甲（图1-1）完整地覆盖在头胸部的背面及两侧，根据头胸甲表面凹下的沟和隆起的脊，依照它所对应的器官，可以再将头胸甲细分为额区、眼区、胃区、肝区、心区、触角区、颊区和鳃区。头胸甲的正前方有一个尖锐的剑状突起，称为额剑，额剑的基部隆起，末端略向上弯曲，它的上下缘都排列有整齐的锯齿，称为额角齿，其中上缘有12～13个齿，下缘则有11～12个齿。在额剑的下方两侧有一对复眼，这对复眼是着生在眼柄的末端，能够自由转动，可视范围达到270°，这对罗氏沼虾觅食和及时发现敌害有很大好处。在头胸甲的两侧前方各有两根刺，其中靠近前端的位于第二触角基部的刺称为触角刺，这是因为它对应的是触角区，而后面略低的、位于触角刺后下方的则称为肝刺，因为它对应的是肝区。

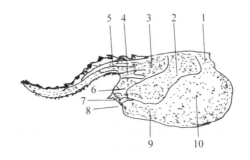

图 1-1　罗氏沼虾头胸甲

1—心区　2—肝区　3—胃区　4—眼区　5—额区　6—触角区
7—触角刺　8—肝刺　9—颊区　10—鳃区

3. 腹甲

罗氏沼虾的甲壳在腹部形成腹甲，分别覆盖着各个腹节，只有一处例外，就是第二腹节的侧甲的前后缘分别覆盖在第一腹节和第三腹甲的侧甲上。

4. 附肢

罗氏沼虾的附肢与其体节是相对应的，除了尾节之外，罗氏沼虾的 20 节体节共对应有 19 对附肢，是一个体节上着生一对附肢，只是腹部第六节附肢比较宽大，它张开后和尾节配合成扇状，合称为尾扇，这两节体节共用一对附肢。就附肢本身的结构来说，罗氏沼虾的第十对附肢均由匠肢、内肢和外肢组成。头部有 5 个体节，对应的有 5 对附肢，分别为第一触角、第二触角、大颚、第一小颚和第二小颚。其中第一触角和第二触角这两对附肢主要起嗅觉和触角的作用，而大颚、第一小颚和第二小颚这三对附肢是罗氏沼虾口器的主要组成部分，主要是保证罗氏沼虾能顺利进行摄食。胸部的 8 对附肢依照体节的顺序分别称为第一颚足、第二颚足、第三颚足、第一步足、第二步足、第三步足、第四步足、第五步足。其中第一到第三对颚足与头部的大颚和两对小颚共同组成口器，这就是罗氏沼虾的摄食器官。第一对、第二对步足的末端则壮大发展成为螯，我们称之为螯足，是罗氏沼虾摄影食和防御的工具，第三对到第五对步足的末端则特化成为爪状，为爬行运动器官。罗氏沼虾的腹部共有 6 节体节，从前至后逐渐变小，末端尖细，后半部常常朝下稍稍弯曲。与 6 节体节相对应的是有 6 对腹肢，除第六对腹肢与尾节组成尾扇外，第一至第五对腹肢称为腹足或游泳足，是罗氏沼虾的游泳器官。而尾扇的乳不能小瞧，它是用于控制罗氏沼虾在水中的平衡、升降以及向后弹跳等活动，另外对运动的速度也有一定的控制作用。

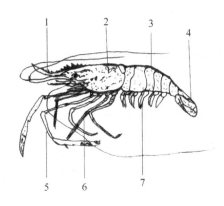

图1-2　罗氏沼虾外形
1—额角　2—头胸甲　3—腹部　4—尾节
5—第二步足　6—步足　7—游泳足

　　罗氏沼虾身躯成雄虾一般个体比雌虾大，它的体色呈淡青蓝色，间有棕黄色斑纹。雄虾的第二步足特别发达，多呈蔚蓝色（图1-2）。雌虾的体色则有一定差异，是呈灰蓝色，幼虾则呈无色透明状。由于在虾类的真皮层中分布着具有各种颜色的色素细胞，这些色素的共同点就是遇到高温时便分解成为一种叫虾红素的红色物质和蛋白质一同沉淀，因而煮熟后的虾类往往变成红色。最常见的是含有一种属于胡萝卜素的衍生物，常与蛋白质结合形成各种结构，反映出各种不同的颜色。所以体色也常随栖息的环境而变化，如在水体透明度较大的水库、深水型湖泊等地，它们的体色就会变得较淡；而在水体透明度小或水草繁茂的水体，如池塘、浅水型湖泊等地，它们的体色往往较深，这是因为罗氏沼虾体色中的色素细胞随着环境中光线的强弱而扩散或集中所致。

5. 与青虾的区别

一般人来看，罗氏沼虾和青虾区别不大，往往容易混淆，其实它们还是有区别的，为了方便将它们区别开来，本书将这两种虾作了一下对比，详见表1-1。

表1-1 罗氏沼虾与青虾对比

区别部位	罗氏沼虾	青虾
成虾体型	大型	小型
成虾体色	淡青蓝色，间有棕黄色斑纹	青灰色
幼虾体色	呈透明	半透明
额角	较长，前端向上弯	较短，向上平直延伸
第二步足	无斑纹，呈蔚蓝色，呈灰蓝色	有白色斑纹，均呈深灰色
头胸甲	两侧数条黑色斑纹与身体呈平行状态	数条黑色条纹与身体呈垂直状态

二、罗氏沼虾的内部结构

罗氏沼虾的内部器官主要集中在头胸部，分为骨骼、肌肉、消化、循环、呼吸、神经、排泄、生殖等八个系统，各内部结构的特点和所承担的功能也各不相同。

1. 骨骼系统

罗氏沼虾含有几丁质的外骨骼，包括最外层非常薄的蜡质层和较厚的几丁质层。几丁质层又分为两部分，从外到内分为外层和内层，外层为致密层，非常坚固，而内层为胶质层，富有弹性，是表皮细胞向外分泌的骨骼成分。在罗氏沼虾的各体节之间，外骨骼以极薄的膜相连接，构成体节的活动关节。罗氏沼虾的外骨骼一旦形成，它就促使虾的机体定型，以后要是想生长，那只有一个途径，那就是只有通过蜕壳才能重新分泌外骨骼，通过反复蜕壳后，罗氏沼虾的机体才能不断地增大、增长，如果因为环境原因或其他的原因，罗氏沼虾不能蜕壳或蜕壳不遂，那么虾的养殖产量就不可能增长，因此在养殖生产中，我们一定要努力创造环境，确保罗氏沼虾按时、及时地蜕壳，这是高产高效养殖的关键所在。

2. 肌肉系统

罗氏沼虾的肌肉系统从结构上来看主要是由因部分组成：完整的体壁环肌和纵肌、横肌和背腹肌、附肢肌、内脏器官肌，各部分的肌肉均是按照它们的运动功能变化组成。

从功能上来看，在罗氏沼虾所有的肌肉中，最主要的还是横纹肌，肌肉束可分为伸肌和屈肌（又称缩肌）两种，分布在头、胸、腹的内部，其中以腹部肌肉最为发达，主要起控制、协调和保持罗氏沼虾的运动功能。

伸肌束和缩肌束往往是一对对地出现，它们成对呈拮抗作用，通过互相协调而迅速地做伸缩运动，从而使罗氏沼虾在水中能快速做出强有力的游泳、弹跳等动作。头胸部的肌肉则通到虾的各有关器官内来完成一系列的动作，例如眼柄的转动就是复眼肌的功能相对应；胸部各附肢的运动就与胸腹肌的功能一一对应；触角的摆动则是通过触角肌来完成的。

3. 消化系统

罗氏沼虾的消化系统总的来看是一条长长的管状结构，包括：口→食道→贲门胃→幽门胃→中肠→后肠→直肠→肛门等，贯穿于头胸部和腹部。口是开在口胸部的下面，而肛门则开口于尾节腹面与第六腹节的相邻处。罗氏沼虾的胃很有特点，胃中有一层几丁质突起，我们称之为胃磨，主要是起初步消化食物的作用，它是来自于胚胎时的外胚层，在每次蜕壳时要脱落重换。胃的后方、心脏下方则是发达的肝脏和胰脏，合在一起称为肝胰脏，它是罗氏沼虾分泌消化酶和吸收食物的器官，具有腺细胞和上皮细胞，是十分重要的器官。

4. 呼吸系统

罗氏沼虾的呼吸系统就是鳃，通过鳃完成气体交换。罗氏沼虾共有 25 对鳃，包括肢鳃 6 对、足鳃 1 对、侧鳃 6 对、关节鳃 12 对，这些鳃分别着生于胸部各体节的附肢基部，共同作用，确保罗氏沼虾能完成正常的呼吸功能。由于第一小颚、颚角片的颚舟叶和第一、第二颚足的不断摆动，形成微小的水流，保证了鳃腔内的水能不停地流动，从而提高了水体中的溶解氧。进入鳃腔内水中的氧气则不断地与鳃血液里的二氧化碳进行气体交换，血液携氧从身体血窦经鳃静脉流入围心窦，把新鲜的氧气输送到罗氏沼虾的身体各处，而把二氧化碳等废气带出体外，完成了呼吸作用。

5. 循环系统

罗氏沼虾的循环系统是开放式的，包括心脏、血管和血窦等几部分，这对于附肢经常易断的罗氏沼虾来说，是一种保护性适应。罗氏沼虾的血液无色，含有血兰素，血浆中的血细胞很少，故称血淋巴。心脏是呈扁平的囊状，共有心孔 4 对，位于头胸部背面的围心窦中。

罗氏沼虾的整个循环过程如图 1-3 所示。

心脏→动脉（7 条）→微血管→血窦→胸血窦
　↑　　　　　　　　　　　　　　　　　↓
心孔←围心窦←出鳃血管←鳃←入鳃血管

图 1-3　罗氏沼虾循环过程

6. 排泄系统

罗氏沼虾的排泄系统就是绿腺，也称为触角腺，位于大触角的基部，由膀胱、排泄管组成，以裂缝状的排泄孔开口于大触角基部。另外，鳃也具有排泄功能，主要是将含有尿素及尿酸的氨排泄出去。肝脏也有一定的排泄功能。

7. 神经系统

罗氏沼虾的神经系统呈链状结构，由位于头部的脑神经节、围食道神经环、胸神经节、纵向腹部的腹神经索组成。在两眼下方有 3 条神经节合并为脑，由此分出 2 条神经，绕食道先后接于食管下神经节、食道腹面，分别通向头胸部和腹部中央形成链状神经索。神经索的分节明显，与体节的分节相当。脑神经节具有神经分泌细胞，能分泌蜕壳激素，控制罗氏沼虾的蜕皮与蜕壳行为。腹神经索在每个体节中各有一对膨大的神经。另外虾的感官非常发达，有成对的复眼，小触觉也有很高的感觉功能。小触角基部有一对平衡囊，有平衡石和刚毛，主要负责控制罗氏沼虾的身体平衡。

8. 生殖系统

罗氏沼虾为雌雄异体，体外受精，生殖系统可分为雌性生殖系统和雄性生殖系统两部分。其中雄性生殖系统包括精巢、输精管、贮精囊、精荚囊和雄性交接器，其中精巢 1 对，位于胃的后方、心脏和肝脏的前上方，呈长梭形的乳白色状，两侧各引出一条输精管开口于第五步足基部内侧，这就是雄虾的生殖孔。雌性生殖系统包括卵巢、输卵管和纳精囊，卵巢的所在部位与精巢相同，也呈梭形，后部分成相连的两叶，中部两侧各引出一条输卵管，分别开口于第三步足基部的内侧，这就是雌虾的生殖孔。

同龄群体中，雌性个体多于雄性个体，罗氏沼虾 4～5 个月性成熟，产卵时间为每年的 4～11 月，适宜繁殖温度为 25 ℃左右，在条件适宜的情况下，雌雄亲虾交配后 24 小时产卵，卵在雌虾腹部附肢上黏附，一般情况下，每克亲虾抱卵 1000～1500 粒。

生殖孔的位置随着雌雄个体的不同而有一定的差异性，雌性的生殖孔在第三步足基部，而雄性生殖孔则在第五步足基部。雄性交接器是由雄性第一游泳足内肢演变而成。纳精囊则位于雌虾第四至第五步足间，呈圆盘状。

雌雄罗氏沼虾生殖系统的区别见表 1-2。

表 1-2　雌雄罗氏沼虾生殖系统区别

区别部位	雌虾	雄虾
同龄个体	小	大
第二步足	小，短于体长	大，超过体长
头胸部	较小	较大，腹部较大
生殖孔开口	第三步足基部内侧	第五步足基部内侧
第一腹节侧面	无硬块或突起	有硬块或突起

三、罗氏沼虾的生活习性

1. 栖息习性

罗氏沼虾可以生活在各种类型的淡水和咸淡水中，

随着不同的生长发育阶段它也会改变栖息的环境。但是有一点必须注意，幼体发育阶段也就是蚤状幼体，必须生活在有一定盐度的咸淡水中，否则，一旦放入淡水，很快就会死亡。幼体喜欢集群过浮游生活，具有较强的趋光性，总是头朝下、腹部朝上运动，整个身体倒置着向后游动，十分壮观。当幼体变成幼虾后，一直到成虾和抱卵亲虾，包括它们的交配和抱卵行为，均生活在淡水中，并行底栖生活。罗氏沼虾平时多分布在水体的边缘，喜欢攀附在水草、树枝、石块等固定物体上，有时也能在水中做短暂的游泳，但是游泳能力并不强，这一个特点对养殖来说非常重要，要求我们在养殖时既要注意尽可能扩大养殖水域的边界范围，又要尽可能多地提供一些攀缘物，以满足它们的生活特性，这样才能获取高产。自从变成仔虾后，罗氏沼虾就有了趋弱光避强光的特性，昼伏夜出的特点明显，白天隐蔽水深层或水草间、洞穴中而活动较少，一到夜晚则活动频繁，觅食、蜕壳、产卵大多在夜间进行，只有少数个体在白天进行交配活动。在人工养殖时，通过驯养，可以在白天出来摄食。

2. 水温

罗氏沼虾是一种热带虾，对水温、水流和水中溶氧量的变化十分敏感，水温直接影响它的生存、生长、发育及繁殖。它的生长温度范围为 14～38℃，适宜水温为 18～35℃，最适温度 23～31℃。据研究，当水温在 23℃

以上时，罗氏沼虾开始交配繁殖；当水温在20～22℃时，罗氏沼虾虽然有摄食行为，但是性腺发育缓慢，雌雄亲虾不交配；当水温低于18℃时，罗氏沼虾开始不摄食，活动能力减弱；当水温进一步低于14℃，持续一段时间虾就会冻死。当然，对于过高的温度罗氏沼虾也不能适应，在炎热夏季中午水温达36～37℃尚能生存，但持续几小时则影响生命安全，当水温上升到39℃时，罗氏沼虾不久就会死亡。

因此在养殖时一定要注意这种特性，对于南方来说，则要注意冬季越冬时保持温度在18℃以上即可，夏季的温度不能超过35℃，一旦温度过高，就要立即采取遮阳或换水等措施来降低水温；而对于华中、华东甚至华北部分地区来说，更重要的是要防止低温对罗氏沼虾的影响，建议进入国庆节前后就要立即起捕上市或者进入温棚越冬，以免低温造成大量死亡。

3. 盐度

罗氏沼虾的蚤状幼体阶段必须生活在具有一定盐度的咸水中，适宜盐度为8～22度，它的幼虾和成虾既可生活在具有一定盐度的咸水中，也可以生活在低盐度的半咸淡水中，经过淡化处理后，还可以直接在淡水中生长发育。在平时的养殖过程中，绝大部分养殖行为是在淡水中进行的，因此，必须对培育的稚虾进行淡化处理，使其逐步适应淡水生活环境，故当90％以上的幼体变态后，需在3～8小时内逐渐换掉幼体饲养水槽中半咸水，进行淡化工作。在幼体进行淡化处理前，应先把池内还未变态的蚤状幼体用筛网捞出，集中进行培育，然后将池水吸出一半或直接加入新鲜淡水。在淡化处理时，还要注意逐步调节池水的温度，使稚虾出池时的水温与外界水温相接近，为稚虾出池放养、提高对外界环境的适应能力创造条件。

4. pH

水的 pH 和罗氏沼虾的代谢活动有着密切的关系，是水体中碳酸根离子、铁离子等化学物质含量的间接反映，同时又是调节罗氏沼虾体内渗透压的重要因素。罗氏沼虾喜欢生活在弱碱性水体中，适宜的 pH 为 $7.5 \sim 8.2$，水中 pH 的高低直接影响罗氏沼虾对钙的吸收。因为虾在蜕壳过程中要失去身体中 90% 的钙，这些失去的钙必须及时地从周围生长环境中和所摄取的食物中来补充，如果 pH 过低，如当水体中的 pH 为 5.75 时，罗氏沼虾会减少吸收钙；当 pH 进一步降为 4 时，罗氏沼虾会停止从环境中和食物中继续吸收钙，这时虾的蜕壳过程受到影响，而且虾的活动能力也降低，表现为心跳次数减少，即使部分虾能蜕壳，但是蜕出来的虾通常是薄壳虾或软壳虾，这种虾对敌害没有防御能力，也不可能通过大螯来捕捉食物，最后结果不是被吃就是饿死。因此我们在养殖过程中要给虾及时补充适宜的钙质，提高水体中的 pH，来满足罗氏沼虾的蜕壳需求。但是也并不是水体中的 pH 越高越好，研究表明，如果水体中的 pH 过高时，水体的碱性太大，就会导致水体中分子态氨氮会升高数倍，有毒成分增加，导致罗氏沼虾的生长减慢，特别是幼体阶段更加敏感。

5. 溶氧量

罗氏沼虾的耗氧量并不是一成不变的，它是随着不同的生长发育阶段而有一定差别的。一般来说，成虾阶段的耗氧量和窒息点要比幼虾低，雌虾要比雄虾低，硬壳虾比软壳虾低，非抱卵虾要比抱卵虾低。养殖罗氏沼虾的水体中的溶解氧主要是来源于大气和水中水生植物如人工栽种的伊乐藻等水草的光合作用，水中的溶解氧呈现出明显的昼夜差异和明显的垂直分布等特点，也就是说，在一个人工养殖的池塘中，每天清晨 4～7 时，水中的溶解氧最低，这就是为什么罗氏沼虾浮头时总是在清晨见到最多的主要原因；而到了下午 15～16 时，水体中的溶解氧含量则处于最高点。而溶解氧的垂直分布则受水流和风力及风速的影响较大。

对一个养殖的池塘而言，水体中的溶解氧对罗氏沼虾来说是非常重要的，但是我们不得不承认，罗氏沼虾仅仅消耗了水体中溶解氧总量的 12％ 左右，而绝大部分的溶解氧则被水体中的底栖生物和有机碎屑的呼吸作用和氧化作用所消耗。为了保证罗氏沼虾养殖的成功，通常要求水体中的溶解氧含量保持在 5 毫克/升以上，当低于 2 毫克/升时，会引起罗氏沼虾的食欲减退、饲料消化率降低，从而抑制生长，更为重要的是，在低氧环境下，水体中的硫化物和氨氮含量会明显升高，使虾类的食欲下降，加剧了泛池的危害程度，甚至会导致罗氏沼虾中毒死亡。

根据实验研究，罗氏沼虾幼体的窒息点为溶解氧含量 0.96～1.60 毫克/升，成虾窒息点为溶解氧含量 0.83～1.04 毫克/升，比四大家鱼的窒息点都要高，因此一般养殖罗氏沼虾的池塘的溶解氧含量要高于养鱼塘。成虾养殖池塘溶氧的高低，直接影响罗氏沼虾的生长发育，溶氧量充足，水质清新，有利于罗氏沼虾的生长，溶氧低于一定值则会出现浮头。每次浮头，对罗氏沼虾有致命威胁，对生长极为不利，为了能及时补充溶解氧，通常采用注入新水或开启增氧机。有新水注入池塘时，罗氏沼虾便溯新水，集群游泳至进水口，甚至溯水往上爬行。当水中溶氧量低，造成浮头时，即集群攀缘于岸边，反应迟钝。所以养殖者总结一条经验："要想养好虾，水电不可少"。

6. 透明度

透明度体现了养殖水体中浮游生物的量和水质的混浊度，罗氏沼虾具有明显的昼伏夜出的习性，它需要生活在一定透明度的水质中。根据研究表明，养殖罗氏沼虾时，要求池塘的水体透明度控制在 30～50 厘米为宜，在晴天有阳光时可见度大，水体的透明度相应也高；在阴天时可见度低，相应水体的透明度也低。总之，在养殖过程中，应根据生产实际，灵活掌握并调节好透明度，这对养殖罗氏沼虾非常有帮助，特别是在虾的幼体阶段应避免强光直射。

7. 底质

养殖池塘的底质是罗氏沼虾的重要生活环境，对于河口沉积的泥炭或酸性土壤来说，由于它的土中含有丰富的二氧化硫，当它氧化时，会产生硫酸，使池水的 pH 下降，不利于罗氏沼虾的生长发育。因此这类底质的池塘最好不要养殖罗氏沼虾，即使养殖的话，也需要进行改造后才能利用。另一方面，如果土壤中有铁离子和铅离子等，就会导致池塘里饵料生物的生长和利用受到影响，从而间接影响罗氏沼虾的生长发育，因此这类池塘也需要经过改造后才能利用。适宜养殖罗氏沼虾的池塘底质应以泥沙土或沙壤土为好，同时也要具有一定的保水性。

8. 运动习性

罗氏沼虾在不同的生长阶段，它们的运动习性是不同的。幼体阶段是营浮游生活；仔虾阶段则主要由咸水环境向半咸水环境中过渡，由营浮游生活向营底栖活动过渡；幼虾阶段，开始向较深的水域生活；而到了成虾阶段和亲虾阶段，它们就可以自由地在它们的生活水域中运动。

在养殖时还要注意到一点，就是罗氏沼虾虽然一生都离不水，在水中生活，但是它的游泳能力其实很弱，只能做短距离的游泳，当遇到敌害侵袭时，它会通过腹部的急剧收缩，借助于尾扇的作用，使身体迅速向后弹跳，以避开敌害。因此在养殖时要注意为罗氏沼虾提供一定的栖息环境和攀缘的东西，同时水位也不宜太深。

9. 对毒性的耐受性

同其他甲壳类动物一样，罗氏沼虾对有机膦非常敏感，例如90％晶体敌百虫对罗氏沼虾的致死浓度为0.2毫克/升；"六六粉"农药对罗氏沼虾的致死浓度为0.2毫克/升。因此，作者强烈建议，凡是养殖罗氏沼虾的池塘严禁使用敌百虫和六六粉。另外，罗氏沼虾对生石灰、漂白粉和硫酸铜的使用也要严格控制，生石灰的参考用量为15～20毫克/升，有效氯含量为25％～30％的漂白粉的参考用量为0.5～0.8毫克/升，硫酸铜的参考用量为最高限0.5毫克/升。必须提醒各位养殖户，由于硫酸铜对罗氏沼虾的蜕壳非常不利，最好不要使用，除非池塘中有大量青苔或微囊藻，必须使用硫酸铜的情况下才要考虑在安全浓度状态下使用。

10. 食性

罗氏沼虾在觅食时主要依靠第一触觉的嗅觉和第二触角的触觉共同完成，另外复眼也是觅食的器官之一，但是复眼只能发现两眼视野中心前方的食物。罗氏沼虾的摄食器官主要是第一步足和第三颚足。它整个觅食过程是这样的：当罗氏沼虾在觅食时，先是极力摇动第一、第二触角，目的是想通过嗅觉和触觉来感知食物的存在，当发现食物后，就在第三颚足的协助下，用第一步足将食物牢牢钳住，送入口器。如果捕到的食物过大的话，则由口器先将大的食物撕碎，经过短而粗的食道，进入胃部贮下来，然后再慢慢享用。

罗氏沼虾为杂食性甲壳动物，偏爱动物性食物，而且摄食频繁且贪食，只要条件许可，它们昼夜均可摄食，尤以夜间摄食最为强烈。罗氏沼虾不同的生长发育阶段，所要求的食物组成亦不同。另外罗氏沼虾的摄食强度是随着它们的发育阶段、生理状态、水温、水质条件的不同而变化。6～9月水温适宜时，它们摄食旺盛，而在交配季节雄性摄食强度增强，雌性摄食强度减弱，在蜕壳前后罗氏沼虾的摄食强度都会减弱。

刚孵出的蚤状幼体，在第一次蜕皮（也就是蚤状幼体二期）之前，是以自身残留的卵黄为营养。经过第一次蜕皮后，开始摄食小型浮游动物，在人工培育条件下，主要以投喂丰年虫无节幼体、轮虫等为饵料。随着多次蜕皮长大，进入蚤状幼体六期后，个体慢慢长大了，这时可以摄食蛋饵、鱼肉碎片及其他细小的动物性饵料。变态成仔虾后，罗氏沼虾开始营底栖生活，在幼虾培育阶段，需要及时对幼虾进行淡化处理，经过淡化后的幼虾转为杂食性，其食物主要包括水生蠕虫、水生昆虫幼体、小型甲壳类以及鱼肉、小蝇蛆、其他动物碎屑、谷物、花生麸、豆渣、米糠、瓜果和水生植物的茎叶等，甚至自身蜕下的虾壳也可充当饵料。在饥饿和饲养密度过大时，相互间有蚕食现象。人工高密度养殖情况下，投喂用配合饵料加工成大小适口的颗粒状饵料，饲料要求粗蛋白含量在37%～38%，其中动物蛋白质含量约占20%，植物蛋白质占17%～18%。同时还应添加少量维生素、矿物质及微量元素，以促进生长，避免自相残杀。为了提高饲料利用率，防止残饵过多造成水质污染，饵料最好是制成适口粒状，放在饵料盘上喂。每天投饲量按幼虾总体重的8%～15%计算，分上午和傍晚两次投喂。幼体经过50～60天强化培育，体长达到3～4厘米，即可作为虾种出池，进行成虾养殖了。

进入成虾养殖阶段，虾的食性更加复杂，可以摄食的范围也更广，包括蚯蚓、贝类、小鱼虾及鲜嫩的水草、谷物、豆类制品、藻类等。在饥饿的情况下，罗氏沼虾更喜欢摄食刚蜕壳的软壳虾或活动能力弱的病虾，出现同类相残的现象。这种现象一定要注意，要加以解决，否则会直接影响罗氏沼虾的成活率，从而影响养殖效益。

通常情况下，罗氏沼虾的成虾饲养以人工投饵为主，饵料种类主要有螺蚬贝肉、鲜鱼肉等动物性饵料，以及豆饼、花生饼、麦粉等谷物饵料和新鲜蔬菜等植物性饵料。成虾养殖期间饵料蛋白质含量比幼虾略低，要求25%～30%，饵料中粗蛋白与植物蛋白的比例以1∶1为好，还要在饵料中添加1%～2%的矿物质，以满足罗氏沼虾生长对微量元素的需求。配合饲料制成颗粒饵料直径的大小应随着罗氏沼虾的生长有所不同，要求做到新鲜适口，质优量足。罗氏沼虾生长迅速，摄饵量大，但不耐饥饿。因此，在成虾饲养期间，要坚持定质、定量、多点、多次投喂。一般日投饲占成虾体重的 5%～7% 为宜，上午、下午各投 1 次，上午投全日量的 30%，下午投全日量的 70%。

11. 蜕壳、蜕皮

蜕壳是罗氏沼虾养殖生物学的一大特征，贯穿于罗氏沼虾的整个生命过程，与幼体发育（这个阶段称为蜕皮，其余阶段都叫蜕壳）、幼虾和成虾生长、亲虾繁殖以及虾的附肢再生等都有直接关系，这些活动的完成都是通过蜕壳来完成的。蜕壳可分为生长蜕壳、再生蜕壳和繁殖蜕壳三种。生长蜕壳是生长的标志，只有经过蜕壳后，罗氏沼虾才能进一步生长，一旦蜕壳不能顺利进行，那么罗氏沼虾就不再长大，成为僵虾，养殖产量和效益就不可能实现。罗氏沼虾一生要经过多次蜕壳（皮）变态过程，从受精卵孵化开始至变态成幼虾，就要经过 11 次蜕壳（皮）。第一次蜕皮在孵化后 1～2 天，以后每隔 2～3 天蜕皮 1 次。随着蜕皮长大，历时 24～35 天变成幼虾，一般小虾蜕壳比较频繁，相隔 5～8 天进行一次，每蜕壳一次，躯体各部就迅速长大一次，体重可增加 20%～80%。

罗氏沼虾蜕壳（皮）在夜间进行，蜕壳（皮）前 2～3 天，基本上不摄食或摄食量减少，此期间虾体内会发生一系列生理变化，如虾的血钙浓度升高长出薄薄的新壳（皮）等。蜕壳（皮）前活动减弱，对光线反应迟钝，摄食明显减少。要蜕壳（皮）时，虾静伏，时前时后、左右摆动，虾体通过自身跳动从开裂处出来，在头胸甲、附肢、背齿等的外壳均要蜕去，蜕壳经历的时间一般为3～5分钟。值得注意的是，罗氏沼虾的蜕壳过程是它生命活动中最危险的时刻，一方面由于蜕壳后至少在半日内虾体还很柔软，它的抵抗力非常弱，此时很容易遭受同类或敌害的攻击，尤其是在食物缺乏的情况下更易受到攻击；另一方面，由于营养缺乏或水质不良，造成罗氏沼虾蜕壳困难或蜕壳不完全而僵死在旧壳中。

罗氏沼虾蜕壳的次数与水温成正相关，在适温范围内，水温越高，罗氏沼虾蜕壳的间隔时间就越久，次蜕的次数也就越多，长的也就越大，例如在29～30℃时，幼虾变成仔虾蜕皮11次时需要的时间为24～26天，而在水温提高到32℃时，这11次蜕皮时间只需用17～19天的时间就能完成；另外罗氏沼虾在不同的生长发育阶段，它的蜕壳间隔时间也不相同，例如同样在水温25～28℃的条件下，幼虾阶段4～6天蜕壳一次，成虾阶段7～10天蜕壳一次，而性成熟的亲虾则需间隔20天左右才能蜕壳一次。

12. 生长

罗氏沼虾是一种生长速度快的经济虾类，体型大，最大可40厘米，重600克。刚孵出的罗氏沼虾体长1.7～2.0毫米，经两个月可长至3厘米左右。放养3厘米左右的虾种，经5个月饲养，平均体重可达30克左右。

罗氏沼虾的生长周期可分为受精卵、幼体、幼虾及成虾四个发育阶段。雌雄亲虾经过生殖蜕壳后，分别排出卵子和精子，精子和卵子在适宜的环境条件下，受精成功，成为受精卵。受精卵黏附在雌虾的第二到第五游泳足的附肢原肢刚毛上进行孵化，这个阶段的雌虾我们称为抱卵虾。在水温 25～27℃ 的条件下，在淡水中经过 19～20 天的发育后就孵化出幼体，这时的幼体通常称为蚤状幼体。在人工繁殖时，需要及时将蚤状幼体移入到咸淡水中进行培育。在半咸水中发育 30 天左右，这个培育过程中，幼体需要经过 11 次蜕皮，才能完成形态与生理上的变化，进而发育成为仔虾，这个过程通常称之为变态。罗氏沼虾的幼体属于不完全变态或称为半变态，这种变态的特点就是蚤状幼体与仔虾不仅在形态上有别，而且在生态、生理上也不相同。

仔虾在形态方面已经与成虾相似，可以在淡水中生长发育，但是由于蚤状幼体的培育是在咸淡水中进行的，不能一下子进入淡水中养殖，否则可能会全部死亡，因此需要先进行淡水驯化 1～2 天，先变成淡化虾苗，才能放到淡水中生长。淡化虾苗先在淡水生活 30～50 天后，成为大规格的优质幼虾，这时就可以进入大塘里进行养殖了，这些幼虾在淡水中生活 3～5 个月，就发育成熟，成为成虾。一部分成虾立即上市，而另一部分成虾则继续培育成为亲虾，亲虾进行雌雄受精后，再重复以上的繁育过程。

罗氏沼虾具体的生活史可以用图 1-4 来进行简略

说明。

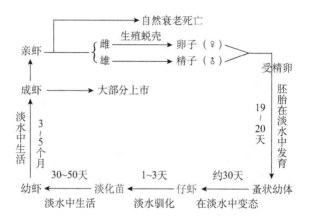

图 1-4　罗氏沼虾生活史示意

13. 繁殖习性

　　刚孵出的蚤状幼体，必须在半咸水中生长发育。蚤状幼体发育成幼虾后，在良好的人工饲养管理条件下，虾苗经过 4～5 个月的饲养，部分可达性成熟。每年产卵期为 4～11 月，以 5～8 月产卵盛期。性成熟的雌虾在产卵前要蜕一次壳，称生殖蜕壳。亲虾在蜕壳后几小时开始交配，交配时雄虾举头竖身，不停地摆动触须，并伸出强有力的大螯，呈抱雌状态，并连续跳动。几分钟后，便将雌虾抱住，并将雌虾举起反转位置，胸腹部紧紧相贴，游泳足不停拍击，很快完成交配活动。雄虾排出的精荚黏附在雌虾第四、五对步足基部之间，由一层薄的胶状物包住。雌虾在交配后 6～24 小时开始产卵，产卵过程一般持续 4～5 小时。产出橙黄色的卵与精荚放出的精子相遇，完成受精的过程。受精卵由黏膜相连呈葡萄状，静静黏附在腹足的刚毛上孵化，腹部侧甲延伸形呈抱卵腔，用于保护卵的孵化，约 20 天完成胚胎发育，孵化蚤状幼体。受精卵在淡水中或半咸水中均能正常孵化，但孵化出来的幼体必须在半咸水中发育，否则 2～3 天将会逐步下沉直至全部死亡。所以，当卵粒快要孵出时，也就是孵粒由橙黄色变成浅灰色时，应把抱卵亲虾转入盐度 12％～14％ 的海水培育槽中让其孵化。幼体从孵化到变态成幼虾，要经过 11 次蜕皮。

罗氏沼虾一生中可多次产卵，雌虾的产卵周期很短，往往在抱卵的过程中性腺已经开始发育成熟，排卵后又可进入第二次交配、产卵。

第二章 池塘养殖罗氏沼虾

第一节 池塘养殖罗氏沼虾的现状

作为高档水产品的罗氏沼虾，生长快、繁殖力强，成虾饲养比较容易。既可作为养鱼池搭配养殖的对象，也可以精养。但由于罗氏沼虾不耐低温，需要越冬，苗种生产要求较高，所以需专业化的苗种基地。利用池塘进行人工养殖罗氏沼虾可分为幼虾培育和成虾养殖两个阶段，从生产方式看，有单养，也有鱼虾混养。

一、传统养殖罗氏沼虾的弊端

我国罗氏沼虾的养殖已经有 30 年的时间了，在长期的养殖与实践中，尽管已建了完整的养殖技术体系。但绝大多数的养殖工艺还是传统方式，即开放式、静水饲养，依靠大量换水来改善水质，依靠药物来防治病害的旧模式。

采用这种养殖模式的结果是导致越来越多的罗氏沼虾池塘发病，越来越多的养殖场亏本，经过一些专家和研究人员的分析，认为造成目前全国许多地方罗氏沼虾养殖失败的根本原因是在静水饲养的工艺中，水质、饵料、病害三大矛盾长期得不到解决。在传统的养殖过程中，通常是依靠大量的饵料投喂来强化幼体增长增重，以达到产量的目的；通过大量施药来达到防治病害的目的；一旦养殖水体发生异常，只是一味地通过大量换水来达到净化水质的目的。而在实际养殖中，大量投饵必然会影响水质，水质变坏必然会导致疾病的发生，疾病一旦发生，就会直接导致罗氏沼虾的吃食下降甚至停食，造成罗氏沼虾的生长减缓甚至死亡。因此水质、饵料、病害三者矛盾相互联系、相互影响，片面强调任一方面，都只能是治标不治本。大量换水，只能缓解矛盾的爆发，并不能从根本上解决问题。时间一长，就导致了养殖的失败。

二、罗氏沼虾养殖中存在的问题

当年引进罗氏沼虾时，就是作为一种新兴的特种水产品来养殖的，经过几十年的养殖后，我们发现，同甲鱼、河蟹养殖一样，它也经历了从兴起到辉煌再走向衰落的过程，有其必然的规律，就罗氏沼虾而言，目前主要存在以下几个问题。

1. 产品质量逐渐下降，市场吸引力下降

刚开始引进养殖时，罗氏沼虾质量非常好，深受人们的喜爱，表现在上市规格大而整齐，色泽鲜亮，口感纯正，一般每千克成虾为16～20尾；而目前市场

上出售的罗氏沼虾，普遍规格偏小，色泽偏暗，有明显的淤泥黑斑样，而且口感不佳，肉质疏松，泥土腥味较重，一般上市规格已下降到每千克25～40尾，这些低质量现象导致了人们对罗氏沼虾喜爱程度的下降，同时伴随着其他特种水产品的冲击，罗氏沼虾价格就慢慢回落。

2. 性早熟严重，养殖产量下降

经过多年的养殖后，目前养殖的罗氏沼虾性早熟现象比较严重，甚至当年苗到秋天性腺已经发育成熟。过早性成熟，导致罗氏沼虾的体内从饲料里吸收的营养和能量有相当一部分都转向性腺发育，造成罗氏沼虾用于身体生长的能量不足，导致罗氏沼虾的规格下降，当然养殖产量也随之下降。造成这种现象主要是由于市场急功近利造成的，一方面苗种生产厂家的亲虾近亲繁殖交配现象严重，多年来用的都是同一批亲虾或者就是这批亲虾的后代，几乎很少有苗种生产厂家能主动进行亲虾的选育和提纯复壮，这样一来长期近亲繁殖，造成了罗氏沼虾性早熟现象非常严重，也是造成病害肆虐的诱因之一；另一方面养殖环境不佳，长期以来对池塘过度开发利用，而缺少环境修复的手段，导致养虾池塘里的水草资源稀少，天然栖息环境恶劣，另外池塘里的淤泥沉积造成水位过浅、水质过肥等原因也是导致罗氏沼虾性早熟的诱因。

3. 上市过于集中，养殖效益下降

由于罗氏沼虾是热带虾类，不耐低温，除在南方外，一般不进行越冬养殖，因此每年 7～11 月，尤其是国庆节前后，是全国各地罗氏沼虾集中上市的时间，大量的鲜活成虾集中上市，导致价格下跌，效益较低。

4. 养殖中也存在较大的风险

罗氏沼虾属于热带虾类，养殖过程中一定要控制好温度，特别在春季和秋末低温条件下罗氏沼虾容易死亡。春季放养时，要保证水温在罗氏沼虾生长的适宜温度范围内，秋季气温下降到一定数值后就及时捕捞。罗氏沼虾的投饲也有学问，投饲多了虾吃不完影响水质，投饲少了轻则影响虾的生长，严重时引起弱肉强食互相残杀，造成较大损失。

三、提高罗氏沼虾经济效益的基本措施

养殖罗氏沼虾虽然其经济效益比池塘养鱼要高，但是风险较大，原因是罗氏沼虾属暖水性的淡水虾类，对水温要求比较高，其生长的适宜温度在 18℃ 以上，生长期比较短，长江流域只有 5 个月的时间。此外，罗氏沼虾对水质、池塘底质及饲料的要求较一般鱼类高，需要投入的资金也就较多。

随着全国养殖罗氏沼虾面积的大幅度增加，产量急剧上升，市场竞争日趋激烈，罗氏沼虾价格一路下滑，

罗氏沼虾已由买方市场进入卖方市场,效益也由暴利时代进入微利时代。由于罗氏沼虾具有互相蚕食的特点,其饲养的成活率也不稳定,而且现在价位也比较低。因此,如何继续激发罗氏沼虾养殖的热情、提高罗氏沼虾的市场份额、增强罗氏沼虾抵御市场的风险能力,目前全国各地纷纷举办研讨班、培训班,旨在进一步探讨罗氏沼虾的可持续发展之路。作者综合多年的养殖经验与系统调查后认为:要想提高罗氏沼虾养殖的经济效益,应以降本增效为目的,在经济管理及技术措施上下功夫,通过提高技术、增加产量才获得到最大利润,着重抓好以下几点调整,才能在市场上立于不败之地。

1. 及时调整养殖模式

目前全国罗氏沼虾养殖的模式主要是单一精养型,一旦市场低迷,价格回落,风险较大。因此,要及时调整养殖模式,改单一精养为鱼、虾、蟹混养或虾蟹两茬轮养。这样既可避免市场的冲击,缓冲市场的风险,又可充分利用水体,充分发挥立体养殖的生产潜能,同时通过生物间的相互作用来降低发病率、提高罗氏沼虾品质与成活率。

2. 主动调整养殖技术

要在市场上占有一定的销售份额,必须以规格与品质取胜,优良的品质一直颇受青睐。要提高罗氏沼虾的品质,必须积极主动地调整、优化目前粗糙的养殖技术。

一是改善投饵结构，罗氏沼虾配合饲料应保证动物性蛋白与植物性蛋白的合理搭配，同时要保证矿物质与维生素的供应，确保营养全面；二是营造与优化天然生态环境，满足罗氏沼虾对生存环境的需求，促进它快速生长发育，要及时移植多层次、多品种的水生植物，如苦草、水花生、聚草、轮叶黑藻和黄丝草等，在池塘中种植25％左右的水草或人工设置栖息巢；三是改良水体条件，清除淤泥，池塘淤泥不宜太深，以20～25厘米为宜，浅池改深池，减少病菌滋生，小塘合并，改小水体为大水面，增加活动范围，夯实渗漏池埂，保证保肥保水性能良好；四是改革施肥观念，传统的养殖观念认为，养殖罗氏沼虾的水质不需施肥，经过实践证明，在养殖过程中，除了定期施加钙肥外，还要及时施加磷肥，以补充水体中磷元素的消耗，通常施用钙磷复合肥如磷酸二氢钙、过磷酸钙等。

3. 注意调整苗种供应时间

苗种这个"瓶颈"问题在量上已经解决，但在生产过程中苗种质量还有待进一步提高，主要表现在：淡化时间不够，弱质苗较多，早熟现象严重，亲本个体小型化导致苗种长不大等现象，必须引起养殖者的注意。

（1）正确选购虾苗。从受精卵孵出的幼体，经过十一次蜕皮后变态为虾苗，其间要经历25～30天。虾苗生产单位因受生产条件如亲虾、水质等及技术水平的制约，生产出来的虾苗差异性较大，选购时一定要选择质量好的虾苗。

体质好的虾苗可以从以下几个方面进行鉴别：形体正常，规格大小整齐划一，体色透明鲜亮，活动能力强，尤其是溯水性强。而体质差的虾苗也可以从几个方面表现出来：规格上大小不齐，行动上攀附能力弱，有的还可以用肉眼就能见到明显的畸形，这种虾苗的质量不好。

除了从以上几点选购虾苗外，还有一个关键要点就是要注意选购淡化时间不能低于24小时的虾苗，这是因为罗氏沼虾幼体变态为虾苗后，需要适时进行淡化处理，它的生态条件将发生急剧变化，对于一部分体质较差的虾苗，由于适应力差，随着时间的推移会相继死亡，或被体格健壮的虾苗所蚕食，因此应选购淡化彻底，而且淡化时间稍长一点的虾苗。我们在购苗前，除了采用以上的方法来鉴别苗种是否优质外，还应到生产地点了解虾苗的淡化情况，如果没有仪器，临时可凭经验尝一下虾苗池里的水，感觉没有咸味，表明该池虾苗已基本淡化完毕。

（2）早放苗。购买（或放养）虾苗日期的确定，对养虾者来讲，也是十分重要的。除按常规养殖要求清池消毒、注水、准备好虾塘外，还要根据养虾场所处的地理位置、气候变化情况，确定购买虾苗的适宜日期。如太早，外界气温不稳定，遇有寒潮，水温降至18℃以下，危及虾苗生长，会导致虾苗下池后成活率不高；如太晚，则影响饲养时间，致使生长期太短，成虾达不到上市规格，群体产量也低。罗氏沼虾适宜的放水温为 20℃ 以上，长江流域一般要到 5 月以后池塘水温才能稳定在 20℃ 以上，此时放苗的效果好。为延长其生长期，可放养早繁虾苗。生产上大多采用塑料大棚池或土池与网箱结合来暂养虾苗，制造一个良好的生存环境，对幼虾的成长极其有利，也为提早上市创造剩余时间，放养时间可提前到 4 月中旬；如塑料大棚池内具加温设备，则可提前到 3 月份放养早繁虾苗。待水温稳定在 20℃ 以上后，再移入池塘养殖，生长期可以超过 140 天，这样的虾苗长出来的成虾产量才有保证。放养早繁虾苗既可以提高商品虾规格，又为提前上市创造了条件。塑料大棚暂养虾苗的技术要求比较高，特别要防止缺氧等意外事件的发生。

（3）放养大苗。规格小的罗氏沼虾、市场竞争力差、价格低廉，而大规格、高品质的罗氏沼虾价格则是小虾价格的 2～3 倍，因此，要想在市场上立足求发展，必须改革放养规格，改小规格为大规格放养。刚从育苗厂出池的虾苗，体长仅 0.7 厘米，体质比较弱，对环境的适应能力差，直接放养到殖池后，成活率很难掌握，容易导致饲养过程中投饵等管理工作的盲目性。培养大苗可根据自身条件因地制宜掌握，基本原则是将育苗厂出池的虾苗在小范围水体内密集强化培养，待虾苗体长到 2 厘米左右时，经计数后再放入虾塘饲养，目前常用的方法有：网箱培育、水泥池培育及小型池培育。

（4）合理放养。虾苗的放养密度直接关系到日常管理方式及池塘的产量产值，放养密度过小，不能充分发挥池塘的生产能力，达不到一定的经济效益，但是放养密度过高，超过池塘及其他方面的承受能力，不仅引起缺氧、病害、互相蚕食及生长缓慢等问题，造成生产亏损。因此虾苗的放养密度要根据下列几个因素灵活掌握。一是池塘条件；二是饲养技术；三是饲料来源；四是水质及水质状况。只有掌握好了这几方面，才可以达到合理放养。对于高密度养殖罗氏沼虾来说，可以采取分批放养的措施，从而达到提高密度的目的。第一批放养是在露天池水温达到20℃以上时，培育好水质，经苗处理后放养第一批大规格苗种，一般密度1万尾/亩。第二批放养时间是在5月中旬，经5～7天培育后即可放养。第三批放养时适宜安排在6月中旬，水温偏高质量好时，易成活。

4. 设法调整养殖成本

第一是尽量降低非生产成本；第二是购买优质苗，减少死亡率及发病率，降低人为成本；第三是坚持做好虾苗的淡化处理，降低苗种成本；第四是科学投饵，改水下投饵为水边投饵；全塘投饵为定点投饵并搭设饵料台，既可防止野杂鱼吃掉饵料，又可减少溶失性饵料对水体的污染，更有助于检查罗氏沼虾吃食情况及便于清除残饵，掌握合适投饵量，降低饵料成本。

5. 科学调整投饲方式

罗氏沼虾属于杂食性水产动物,在养殖过程中要加强科学投饵,调整平时粗放粗养的方式,同时要调整罗氏沼虾养殖中要多投动物性饵料的误区,采取"颗粒饲料与鲜活饵料相结合的方式",适量搭配鲜活饲料,如螺、河蚬、鲜杂鱼等。参考的比例为:生产每千克成虾需配合饲料 2~2.5 千克,螺或河蚬 20~25 千克或杂鱼 2~3 千克。由于鲜料能有效促进虾的快速生长,因此在饲养的中后期,特别要注意保证有适量的鲜料搭配以确保虾的上市规格。

在投饵时,要保证饵料新鲜适口,不投腐败变质的饵料,尤其以全价配合饵料为佳,要求营养均衡,配比合理,组方科学,防止饵料质量差品质次,切记投喂单一性饵料,同时定期补充一定的钙、镁、铁、磷等微量元素。投饵讲究"五定"和"四看"的原则。"五定"就是定时、定点、定质、定量、定人,"四看"就是投饲时要看天气、看水质变化、看罗氏沼虾摄食及活动情况、看生长态势,投饵量采取"试差法"来确定。

6. 科学调整防病观念

随着养殖的深入发展,罗氏沼虾的病害越来越多,黑斑病、烂鳃病等严重制约了生产的进一步发展。而目前广大虾农对虾病的预防观念淡漠,意识不强,当发病时,往往就病治病,不能综合预防,辨证施治,结果造成巨大的损失。有的病害一旦发作，无法治疗。因此，加强病害的预防治，已成为提高单位产量增加收入的重要管理内容。要调整虾农的防病观念，提高他们生态预防治的意识，让他们树立只有预防才是最好的办法。首先是确保虾种质量，加强苗种预防，尽可能检疫，确保投放优质苗种，从种质上控制病原菌的带入；其次是饲料预防，营养合理，科学配料，科学投饵，定期投喂药饵，提高罗氏沼虾体质，从机能上提高其抗病能力；第三是水源清新无污染，进排水分开，定期消毒工具、饵料台等，从管理上切断传播途径；第四是适时清塘清毒，科学套养鱼类，模拟生态环境，从生存条件上抑制病原菌的发生与蔓延；第五发现病害时及时诊断，辨证施治，将疾病控制在萌芽之中。

7. 科学调节水质，预防浮头泛塘

养殖罗氏沼虾理想的水质为透明度 25～35 厘米，水色呈淡绿色。在饲养过程中由于不断投喂鲜活饵料，常常会引起水质过肥。因此需要定期向池塘加注新水，亦可采用换水的方法，即先排出 20～30 厘米的池水，再加入相应新水，有规律的注加新水能刺激罗氏沼虾蜕壳生长。调节水质除了换水，还可用定期泼洒生石灰的方法，即每隔 15～20 天施 1 次生石灰，每次为 10～15 毫克/升，既可以保持水中有足够的钙离子，又可氧化分解水体中部分有机质，杀死一些有害病菌。

罗氏沼虾对氧气的要求比较高，在 7～8 月高温季节，养虾塘比较容易产生缺氧浮头，一旦浮头，就有可能引起罗氏沼虾大量死亡，给生产带来严重的损失，为了避免浮头泛塘，必须做好下列三项工作：一是坚持每天巡塘；二是对水中的溶解氧要经常测量；三是勤换水、勤冲水。

8. 正确调整消毒方式

一是对水草进行消毒，从湖泊、河流中捞回来的水草可能带有外来病菌和敌害，如克氏原螯虾、黄鳝等，一旦带入虾池中将对罗氏沼虾的生长发育造成严重后果，因此水草入池时需用 $8 \sim 10$ 毫克/升的 $KMnO_4$ 消毒后方可入池。二是定期对水体进行消毒。随着水温的不断升高，罗氏沼虾的摄食量大增，生长发育旺盛，而此时也正是病原体的生长繁殖旺盛季节，为了及时杀灭病菌，应定期对池塘水体进行消毒杀菌，每半月用 1 克 / 立方米的漂白粉或 15 千克 / 亩的生石灰全池遍洒一次。

9. 提前调整混养方式

"只有永久的市场，没有永久的名特优"，罗氏沼虾曾经独领风骚十来年，其生产技术日益成熟，生产潜能也充分发挥，经济效益逐年下降，为了确保水产业的可持续发展，要提前做好养殖新方式的调整，根据市场的需要，许多地方都开展了各种不同的混养方式的试验，虾鱼混养能充分发拨池塘生产潜力，特别是一些粗养虾塘，虾的密度不高，适当混养一些肥水性鱼类可以增加池塘的收益。与鱼混养时，要待虾苗体长达到 2 厘米以上后方可在塘内放养鱼苗或鱼种，如果放养大规格的花白鲢鱼种（150～250 克/尾），每亩不超过 300 尾，如果套养夏花鱼种，则每亩不超过 5000 尾，若放养密度大，则生长速度慢，规格小。

10. 正确调整市场导向

罗氏沼虾属于大型虾类，不要等到全部长成后再进行捕捞，在养殖期间，可以根据市场需求，捕大留小，凡是符合商品虾要求的规格，就可以上市出售。目前，罗氏沼虾养成后的上市高峰期常常是中秋节和国庆节两大节日，但在这两个节日市场往往饱满，价格低迷，出现了"熊市""烂市"的局面。这就要求清醒地认识市场、了解市场，做到以市场为导向，尽可能让罗氏沼虾均衡上市，避开高峰互相压价的状况，从市场营销中获取最佳经济效益。

一是通过温棚越冬，采取分批上市、淡季上市的方法尽量在春节前后供应市场，充分利用市场空隙和季节差价获取高利润；二是通过两茬养殖，逐节上市，避开上市高峰期，主动出击，抢占市场之先机，在每年 6 月和 12 月分批上市，利润空间比较大；三是通过早放苗放大苗等方法，使虾在 9 月上旬，甚至在 8 月底提前达到上市规格，一方面可提早活虾的上市时间，另一方面，早上市的虾价格比大批量集中上市可提高 20% 以上；四是如果虾的平均体长达不到上市规格时，亦可以采用捕大留小的方法，增大拉网网目，捕大留小不损小虾，又可以等小虾长大，先在 9 月上旬捕出 1/3 左右，以后可根据市场情况逐渐稀疏养殖密度，直至干塘出池，后捕出的成虾规格较大，可以弥补早上市虾规格小而损失的产量和产值；五要注意罗氏沼虾一定要活虾销售，只有活虾价格才能高，这样要求在运愉、销售过程中必须保证虾的成活；六是罗氏沼虾的销售重点应放城市和大的宾馆和饭店，特别是大规格的虾在这些地方能够卖到好的价钱，一般情况下 15 厘米左右的大虾的价格是小虾的 1～2 倍，并且市场供不应求。

四、罗氏沼虾养殖模式

经过几十年的养殖试验、推广发展，目前罗氏沼虾的养殖模式已经成熟，我们总结了目前比较成熟的养殖模式，供广大读者朋友参考。

1. 主养罗氏沼虾

这是目前各地普遍采取的养殖方式。一般每亩放养 0.7～1 厘米长的仔虾 1.5 万尾或放养经中间培育的大规格（1.5～2.5 厘米）的虾苗 1 万尾，混养白鲢鱼种 70～80 尾或白鲢夏花 150 尾。亩产罗氏沼虾 100～150 千克，食用鱼 45 千克左右。如每亩放养罗氏沼虾苗 2 万～3 万尾，亩产可达 200～300 千克。

2. 以鱼为主的鱼虾混养

采用罗氏沼虾混养的方式，可以促进虾池的综合利用，对于降低养殖成本、增加经济效益、维持虾池生态平衡，提高虾池利用率和饵料利用率及净化水质，都具有重要意义。在以养殖食用鱼为主的池塘混养罗氏沼虾，这种模式由于罗氏沼虾起捕时间早，与鱼有一定矛盾，在操作上较麻烦，推广有限制，特别是在成鱼池混养罗氏沼虾较少，但不乏成功的例子。混养时，要注意不能与青鱼、鲤鱼、鲫鱼等底层鱼及黑鱼、鳜鱼等掠食性鱼类一起混养。

目前在鱼池中混养罗氏沼虾时，比较成功而且技术比较成熟的方法是在鱼种池中混养罗氏沼虾，每亩放养鱼的种类和数量可根据需要而定，混养罗氏沼虾 1.5 万尾左右。要注意的就是加强管理，可在 5 月上中旬放养罗氏沼虾苗，在经过两个月的养殖后，可以在 7 月中旬开始分批起捕达上市规格的鱼和部分虾，逐步减少鱼池载鱼量，8 月底开始加强对罗氏沼虾的饲养管理，10 月开始捕捞罗氏沼虾，最迟在 11 月初就要全部收获完毕。

3. 以罗氏沼虾为主的鱼虾混养

鱼虾混养模式主要是利用鱼的食性，有的鱼以虾的残饵和排泄物为食，保持养殖池底质的清洁，减少细菌病的发生，有些鱼类可以摄食活动力较弱或濒死的罗氏沼虾，同时也能摄食罗氏沼虾的残饵和排泄物，这一类鱼能起到改良水质、减少细菌病发生的作用。这种混养模式的优点是在不影响罗氏沼虾产量的同时，既可净化水质又能增加效益。

在虾鱼混养模式中关键的问题是鱼的品种，以及鱼投放时间、大小和密度。混养鱼的种类主要有罗非鱼、四大家鱼、草鱼等。例如罗非鱼适温范围广，属于广盐性鱼类，虾池水温春、夏季较高，适合其生长。罗非鱼经驯化后与罗氏沼虾混养，不必单独投饵，因为罗氏沼虾残饵或池中有机物质、杂藻、桡足类等可成为该鱼的良好饵料。

4. 罗氏沼虾与河蟹混养

这种混养模式目前是比较成功的，管理要求是池中必须有丰富的水草资源，在冬季或春季放养大规格的扣蟹（120～160只/千克），亩放800只左右，到5月上旬每亩放养罗氏沼虾苗（0.9～1厘米）1.5万尾。投喂河蟹和罗氏沼虾的配方颗粒饲料。经过养殖后，可于10月初开始捕捞罗氏沼虾，最迟在10月底前要捕捞完毕，河蟹可于元旦前后捕捞。

5. 双季养罗氏沼虾

也就是在1个生长季节进行两茬养殖罗氏沼虾，这种养殖方式适用于气温较高的华南地区，对于其他地区宜慎重。第一茬5月初到8月初养殖，每亩放养体重4克的越冬虾1万尾，混养体重120克的白鲢鱼种100尾，花鲢鱼种 20 尾，饲养三个月后，可将罗氏沼虾全部捕捞上市，鱼留塘继续饲养。第二茬从 8 月初至 11 月初，放养体重 5 克的虾苗 1 万尾，饲养近三个月，一定要于 11 月中旬前起捕完毕。这种养殖模式的关键是第一茬的大规格苗种的培养与供应问题，只要苗种能保证，就可以进行双季养殖。

6. 双虾养殖

这种混养模式就是利用不同的虾与罗氏沼虾在生态位上、食性上及养殖周期上的差别，实现混养，从而取得良好效益的模式。这种模式也是目前效益比较成功、技术比较成熟的一种养殖模式，也就是双季养殖不同虾的模式，即第一茬养殖罗氏沼虾，在罗氏沼虾上市后，再利用空闲的池塘进行其他虾的轮养，就我国的养殖情况来看，和罗氏沼虾轮养的另一种虾主要有青虾和南美白对虾。第一茬养殖也就是罗氏沼虾的养殖是在 4 月下旬至 5 月上旬放养体长 2.5～3 厘米罗氏沼虾苗，放养密度为 1.5 万～2 万尾/亩，一个月的适应性养殖后，亩放花白鲢鱼种 100～200 尾，花白鲢的规格为 150/尾。经过四个月左右的养殖，于 8 月底至 9 月初左右开始起捕上市，亩产罗氏沼虾 150 千克左右。当罗氏沼虾全部上市后，将池塘快速处理后，于 9 月中旬至下旬放养规格为 2000～4000 尾/千克的当年青虾苗种 1.5 万～2 万尾。饲养到翌年 4 月份，亩产青虾 30 多千克，食用鱼 40 多千克。

第二节　池塘环境

由于罗氏沼虾的特殊性，它既可以在海水中养殖，也可以在咸淡水处养殖，经过人工淡化苗种后，又可以在纯淡水中养殖。因此，它的池塘养殖是非常重要的一种方式。

一、养殖场的选择

养殖场是生产罗氏沼虾的主要场所，养殖场地的选择、规划、设计合理与否，直接关系到罗氏沼虾养殖的投资、产量、成本和经济效益等实际问题。因此，场地的选择，应根据罗氏沼虾生活习性和要求而进行周密的调查和勘测。

1. 养殖池塘设计原则

（1）科学建设的原则。罗氏沼虾是一种引进来的新型优质虾种，因此在建设池塘进行养殖时，一定要遵守罗氏沼虾生长发育的特点，科学建设池塘，方能保证养殖成功。在建场过程中，应自始至终贯彻节约的方针，但还须防止片面追求节约而忽视工程质量的偏向，从而导致工程不合实用。

（2）养殖池的整体布局要合理，以便生产的管理和操作，减轻劳动强度，提高工作效率和保障工人健康。如果条件许可时可就地取材，如建造培育设备或注排水系统时，应视当地砖、石头和涵管等材料，何种价廉易得，就采用那种。这样才能节省时间和运输费用。

（3）因地制宜的原则。充分利用当地的地形，合理调配土方，减少对池塘挖填及周围的生态环境的破坏，缩短运输距离。

（4）规划适中原则。养殖罗氏沼虾的规模大小，应根据生产需要和场地大小而定，在资金和劳力不足的情况下，可分期分批逐步完成。

（5）做好总体规划，为开展以虾为主、综合经营的经营模式创造条件。土地区划也应本着有利渔业生产，避免与其他农副业发生矛盾，尽量做到协调一致。中心开阔地带主要用来建筑虾池，四周若有荒山坡地，优先留足饲料、绿肥基地和种植粮、油作物；另外还可以在养殖场的周边种树（或竹）造林，根据各地特点开展综合利用，多种模式经营。

（6）规划要有超前意识，规划时不仅要定出当前的任务和规模，而且还应提出切实可行的远景规划。

2. 养殖场的选择原则

场地选择应根据下列各方面要求，进行实地勘测，详细了解当地情况，认真搜集必要的资料，然后对勘测的各点进行比较，确定建场基地。

（1）因地制宜，根据地形地势合理布局。罗氏沼虾养殖地应是生态环境良好、没有或不接受工业"三废"及农业、城镇生活、医疗废弃物污染的水（地）域。养殖地区内及上风向、灌溉水源上游，没有对产地环境构成威胁的污染源。建塘设计主要内容包括虾塘位置确定、塘池形状、大小和深度；建闸、筑堤和开沟的方式；进、排水系统、抗浪等设施。

（2）养殖场所应水源充足，水量丰足。养虾与养鱼一样，首要的条件之一是水源。成虾耗氧量比鱼大，窒息点为 1.04～0.83 毫克/升，比鱼高。因此，要求水源充足，排灌方便。不论河川、溪流、湖泊、水库、涌泉或地下水，只要水质符合 GB11607《渔业水域水质标准》的规定，一般均可用为水源。在选择水源时还要考虑进排水要方便，能自灌自排，水质清新良好，无污染。如附近有工业废水排放，应引起重视，必须对水质加以分析，看有无对虾类有毒的物质。利用地下水时也要慎重，如经过煤矿或硫矿的水，常常酸性过强不能用。至于地下水常含二氧化碳过多，氧气缺乏，则可采取曝气等适当措施加以改良。勘察水源水量是否足用，不能单凭勘察当时所见情况，应详细了解一年中各季节水量的变化，和附近农田灌溉用水情况，必须保证池塘在不同季节、不同生产阶段，都有足够的水量供应，同时又不影响农田灌溉。因此对当地的水文、气象、地形、土质等有关资料要充分搜集，结合各季节养虾生产注排水需要，进行核计。

（3）罗氏沼虾养殖场应选择泥沙底质，建在地形相对稳定处。不同土壤的各种特性（透水性、保水性、抗剪力、黏附力、凝聚力、对虾类有害的成分等）不一样，深刻地影响养虾池工程质量的好坏和施工的难易，并在一定程度上影响虾类生活的水域环境条件。养殖罗氏沼虾的水体底质应无工业废弃物和生活垃圾，无大型植物碎屑和动物尸体，底质应无异色、异臭，结构自然。底质选择的恰当与否，深刻地影响生产，在这方面过去有过失败的教训。因而对选用能保证工程质量的土质这一问题，必须十分重视。池底土以黏土带腐殖质为最好，不宜使用沙质底。

（4）要选择环境安静，供电正常，同时要求避风向阳、阳光充足的地方。

（5）交通运输要便利。养虾场每年要有大量养殖物资及产品运进运出，交通线维持着养虾场与供销地区的联系，在生产上起着极重要的作用。建场地点，不能选在距离供销地区过远或交通阻塞的地方。

实际上要找一个完全符合上述条件的场所是有困难的，必须从建设投资成本、安全可靠、管理方便和虾场今后的发展去考虑建塘的地理条件。

二、池塘的设计

罗氏沼虾养殖池塘的设计一定要有全局观念，要考虑整个虾场的布局。通过修建引水渠道和配备水泵提水及完善的进排系统，将虾塘设计成为合理的地形结构、适当的池水深度、足够的换水能力、相应的提水设备，这些都是获得高产的基本条件。

（1）作为一个全人工养殖的虾场应包括育苗场所、中间培育池、虾塘、试验池、人工配合饲料加工场、贮存库及一般水化测定实验室等，各个组成应合理布局，从节约劳力和能源，降低养虾成本全面考虑，以发挥生产最佳效果。

（2）作为一个专门养殖成虾的养殖场，只需要足够的高标准的虾塘和人工配合饲料加工场、贮存库就可以了，这样可以降低其他不必要的开支，将主要精力集中在成虾的养殖上，以取得最佳的经济效益。

（3）根据不同地区可以设计不同的虾塘。目前罗氏沼虾的池塘养殖可以分为沿海的咸水塘或咸淡水池塘养殖，另一种就是内陆的淡水池塘养殖。在沿海地区可以通过围堵小海湾、港而成的大型养殖塘，这种养殖池塘的面积从数百亩至数千亩，一般产量较低，但省劳力，投资少，单位面积建筑费用低。在内陆地区主要是利用各种各样的池塘进行养殖罗氏沼虾，这种养殖池塘的面积较小，数亩至数十亩，产量较高，管理方便，但单位面积修建费较高。

（4）进、排水渠道要配套。进、排水渠道应分别设立，进水口与出水口应尽量远离。排水渠除考虑正常换水量需要外，还应考虑暴雨的排洪及收虾时急速排水的需要，所以排水渠的宽度和浓度均应大于进水渠，其渠底高程一定要低于各池排水闸闸底30厘米以上。

三、池塘的条件

1. 虾塘的大小

一般高产的罗氏沼虾养殖池塘的面积宜在 10～20 亩

左右，最大不宜超过 30 亩，池内安装增氧机，按 1000～1330 平方米/千瓦设置，离岸 4～5 米。增氧机可以是叶轮式，也可以是水车式。增氧机的主要作用是增氧、搅拌和使塘水形成一定的水流。池塘过大的话，在投喂、防病等管理上难以到位，太小的池塘又面临着水质容易恶化的缺点，因此适宜的面积便于管理，精养程度高。这样能稳定水质，便于发挥和提高管理人员的工作效率。

2. 虾塘的形状

虾塘的形状通常是长方形或长条形为好。一般长方形虾塘的长、宽之比为 5∶3 或 3∶2，大池应适当加长，但同类池塘，宽度应该划一，这样可减少网具配备数量，省却许多麻烦。池塘坡比为 1∶2.5～1∶3.0。堤顶面宽和坡度按照各堤的功用和土质情况而异。如通行汽车之堤，面宽 4～6 米；防洪堤和防波堤，宽 4～5 米，并用草皮或片石护坡以防冲刷，坡度以 1∶2 为宜。一般堤面，宽 3～4 米，坡度 1∶1.5。一个优质的罗氏沼虾养殖池塘应以东西长，南北短为好，适当比例的长条形虾塘有利于提高换水效率。太长也不适宜，否则将会导致进、排水两端水质状况的明显差异。长形虾塘有利于延长日照时间，有利饵料生物繁殖。从风力增氧效果考虑，小型虾塘的纵向宜平行于盛行季风风向，大型虾塘考虑到风浪对堤坝的侵蚀，则需垂直于季风方向。风吹入塘内，形成波浪，可增加水中氧气。

3. 虾塘的深度

从沟底到水面的深度以 1.5～2 米为宜，一般沟深约 60 厘米。池堤顶宽 2～3.5 米，堤顶高出设计水位 0.8 米。虾塘稍深一些可增大水体，降低光线强度，也可保持水体环境的相对稳定。但也不宜太深，否则底部水体交换较差，池水不易排空；建塘工程增大，造价也会高些。

4. 塘底

虾塘的塘底为泥沙土质，淤泥厚 10 厘米以下，保水性能好，如果塘底淤泥过多，要先干塘清除过多淤泥。底部应该平坦并由注水端略向排水一侧倾斜，以 2％的比降顺向排水闸，便于清塘和收虾时排干池水，由堤脚线向池中央也应渐深，池底最低处设置 2 米×2 米×1 米的集虾坑，这样的池底在排水时非常便利，也便于清塘捕捞。池底离塘边 1 米处沿池塘四周种植水草，营造良好的养虾生态环境。虾池四周用塑料薄膜圈围池堤，高度为 1 米，防虾外逃和鼠、蛇、青蛙等敌害进入。

5. 进排水系统要完善

在养殖过程中，我们发现有一些单位在建场时片面强调减少工程量和占地面积而忽视对注排水系统的专门建造，当时看起来是省了钱，而且工程也快，但是无疑会是以后的生产带来深重的后患，这种危害表现最明显的例子有两种，一种是一旦一个养殖池里的罗氏沼虾发生病害，会很快传染给其他的虾塘里，造成病害蔓延；另外一种危害是天气发生突变，造成虾类缺氧，此时若由于进排水系统不畅而不能及时换水，极有可能导致大量的罗氏沼虾死亡。所以，我们在建场时，就要考虑每个虾塘应尽可能修建各自独立的进、排水系统，既不能排注兼用，更不能池塘互通。从整体效果上来看，虾池与注排水渠应该交替排列，做到在池塘的一端注水，从虾池的另一端排水。这样既能防止病害的传染，又有利于养殖中的水质管理，同时对防洪也有好处。个别池塘确受条件限制时，可采用连通排灌。

注排水系统包括注水渠、排水渠，及其附属建筑如渡槽、涵管、跌水和注排水闸门等。

注水渠：注水渠是保证罗氏沼虾池塘水源的基础，所有的水源必须通过注水渠才能进入池塘，根据生产上的需求，可以分为总渠、干渠和支渠，它的流量应保证在规定时间内灌足需要供水的池塘。总渠与进水闸相连通，干渠是连接总渠和各支渠的纽带，而支渠则是通向各养殖池塘的最后水渠。渠道一般多为矩形，为砖石砌筑，也可用泥土砌，采用梯形，土渠边坡常用1：1或1：1.5，但是容易塌陷且堵塞水渠，建议不用。

注水闸：也叫进水闸，一般采用槽式或涵管式，用砖、石水泥砌成。闸口大小应根据池塘大小而定，保证在预定时间内注入足够的水量。闸口下到池底最好用水泥片石护坡，以防冲刷堤坝。进水闸宽度1.0～1.2米，闸顶应高出进水渠能达到的最高水位 0.2~0.4 米。进水口设 60 目筛绢网布制成的袖网过滤，严防野杂鱼及敌害生物入池。

排水渠：排水渠设计原理与注水渠相同。一般应深于池底 30 厘米以上。

排水闸：排水闸过去常用槽式底涵管闸。这样的水闸，不易封闭严实，更严重的是，由于水的压力大，开闸放水极不方便。因此，梯级式排水闸已逐渐被采用，它最大优点为开关便利。排水闸亦兼做收虾用，闸宽与进水闸相同，闸口大小以 1~2 天内排干池水为宜。闸底高度要低于池内最低处 20 厘米以上，以便能排尽池水。闸室设三道闸槽，由内向外安装防逃网、闸板和收虾网。在排水闸内侧，可加设半径为 3~5 米，网目为 0.8~1.2 厘米的挡网，以防止排水时罗氏沼虾被逼在网上，出水口设 40 目筛绢网拦虾外逃。

要注意的是，进、排水的大闸分设于主坝的两端，两闸不宜太近，以免新旧水混杂。另外在实际操作时，各地可因地制宜，可以采用明渠与暗渠相结合的方式，效果会更好。注排水渠采用明渠、暗渠或两者结合。明渠建造简单，工程量小，需用物资少，检修方便。但占地面积大，并妨碍车辆通行。暗渠一般埋置涵管，费工费料，检修不便，其优点是占地少，不碍交通，能免除冰冻，渗漏较小。但每隔一段要修建一个水箱，俗称阴井，便于检修，以防淤塞。

6. 蓄水池

对于一些水源相对紧张的池塘来说，养殖罗氏沼虾是需要对自备进水进行蓄水、曝晒的，这时就需要一个蓄水池。这个池塘面积可在 1 亩左右，最好能高于养殖池 1 米以上，它能使罗氏沼虾发病季节虾池所换水源能经过预先消毒处理，各养殖场均应改建或扩建蓄水池（库）。其容量应占养殖总水体的 20% 以上。

第三节　池塘的处理

养殖罗氏沼虾，要做到高产稳产，须抓三方面工作，一抓苗种，二抓饵料，三抓水质。整个养虾过程，一定要紧紧围绕这三个基本内容。苗种是基础，做好苗种放养前的各项准备工作对保证放养成功至关重要，所以，务必抓紧抓好，而对养虾池塘的科学处理则是养殖罗氏沼虾的前提条件。

一、池塘的清整

池塘的清整实际上包含两方面的意思：一是整塘，二是清塘。

1. 整塘

虾塘是虾类赖以生存的基本环境，除了虾塘本身应具备一些基本养殖条件外，许多生产措施都是通过虾塘水体作用于虾体的，因此必须最大限度地满足虾类的栖息要求，而罗氏沼虾的栖息习性之一是喜附着，营底栖生活，它还具有独占地盘和为争夺地盘而相互残杀的特性，这就要求养殖者们应该先养好一口塘，再育好一池水。

所谓整塘，就是将老的池水排干，清除过多淤泥，彻底曝晒，改善底质，保持池底平坦；填好漏洞和裂缝，清除池底和池边杂草；将多余的塘泥清上池堤，为青饲料的种植提供肥料，同时也有防漏堵漏的作用，完善进排水系统，保证水源新鲜不受污染。对于新开挖的池塘要平整塘底，清整塘埂，使池底和池壁有良好的保水性能，尽可能减少池水的渗漏。

2. 清塘

虾塘养过虾之后，淤积了大量的污泥和有机物（残饵、罗氏沼虾排泄物、生物尸体等），这些大量的有机物随着水温的升高而大量分解，轻者影响虾的生长，重者造成浮头和罗氏沼虾发生病害死亡。因此，在每年罗氏沼虾收成结束后，要进行清塘。

所谓清塘，就是在池塘内施用药物杀灭影响罗氏沼虾生存、生长的各种生物如蛇、鼠、凶猛鱼类等，以保障虾苗和幼虾在养殖过程中不受敌害、病害的侵袭。

3. 清塘的步骤

清塘的步骤可分为冲、晒、锄、翻、搬、填等六个步骤。

一冲：就是在罗氏沼虾收获完成后，打开虾塘的闸门，利用潮汐的机会将虾池冲刷数日，目的是能利用潮水带走部分池底的污物。

二晒：就在经过潮水冲刷后，封闭闸门再用抽水机排干塘水，让虾池处在太阳下曝晒几天，目的是促进池塘表层有机物氧化、矿化。

三锄：就是用犁耙等工具疏松表层土壤，就像农夫锄豆苗一样，目的是促进池塘中层的有机物进一步氧化分解。

四翻：就是用拖拉机将池底翻耕一遍，目的是促进池塘底层有机物的氧化分解。

五搬：就是采用蚂蚁搬家的方法，用挖泥机、推土机等机械或组织劳力把塘沟和投饵区的污物清除搬开，一般是运送到池塘埂面上，用于护坡和种植蔬菜等。

六填：就是结合清塘进行虾池整修，挖沟补坝，堵塞漏洞，维修闸门等。

必须强调指出，只有认真做好整塘工作，才能有效地发挥药物清塘的作用。否则，池塘淤泥过多，造成致病菌和孢子大量潜伏，再好的清塘药物也无济于事。因此在生产上一定要克服"重清塘、轻整塘"的错误倾向。

4. 池塘改造

如池塘达不到养殖罗氏沼虾的要求，就应加以改造。改造池塘时应按罗氏沼虾养殖池塘的标准要求，采取：小池改大池；浅池改深池；死水改活水；低埂改高埂；狭埂改宽埂。在池塘改造的同时，要同时做好进排水闸门的修复及相应进水滤网、排水防逃网的添置，另外养殖小区的道路修整、池塘内增氧机线路的架设及增氧机的维护、自动饵料饲喂器的安装和调试等工作也要一并做好。

　　本书在这里重点要提一下对漏水池塘的改造，如果养殖罗氏沼虾的池塘总是漏水，一方面对水源的要求总量比较大，也增加了提水等电力消耗，无疑会增加养殖成本，更为重要的是，漏水池塘漏掉的不仅仅是水，还有池塘里的重要资源，包括水中培育好的适宜罗氏沼虾生长的优质藻类等浮游生物。如果这些饵料生物随着漏水而慢慢地消耗掉，就不可能取得养殖成功，因此，对这种漏水池塘一定要下大力气加以改造。对于老塘口或者是刚建成的池塘，漏水的原因一般有两个，一是土质透水性过大（如含沙砾过多的土壤），二是池堤压实不良。如属前者，一般是采用铺设透水性小的黏性土壤或挂淤的方法改造。

　　如果池塘的漏水是由土壤的透水性过大造成的，而导致透水性过大的原因是由于土粒胶结所致时，可采用盐处理的方法改造，将食盐混于土壤中，使土壤变成暂时性的盐碱土。其原理是借食盐中钠离子的作用，将胶结的土粒分散为更小的颗粒，而降低其透水性。

　　在铺设黏土时，一般是利用冬季空塘时进行，先将池水排干，让池底的土壤晾晒十来天后，将池底腐殖质泥土挖去，堤坡上的草皮挖成大小适用的草坯移开，将露出的新土挖成台阶形，在池底及堤坡上铺15～20厘米厚的黏性土壤，压实，将草坯敷于堤坡上。

挂淤的方法相对较为简便，而且工作量也小，但是效果要比前一种略差一些，方法是先将黏土撒在池底，然后缓缓地注水，借助水流的作用将黏土均匀分布于池底，黏土颗粒随渗水而进入底土的土粒间隙中，降低其透水性。

如果池塘的漏水是由于堤坝压实不好时，可采取将堤坝边坡进行充分压实，以减小其渗漏。但压实不良往往是整个堤身不坚实，仅将表层再加压实，有时并无显著效果。在这种情况下只能采取铺设黏土或翻修堤坡的方法，加以彻底改造。

5. 盐碱地虾池改造

在我国东北、华北、西北以及沿海河口还有面积广阔的盐碱地，这些土地一般不宜农作物的生长，甚至寸草不生，而经改造后，即可挖塘养虾。经过若干年的养鱼养虾，这些土地完全或基本淡化后，根据需要还可以改为农田。目前，利用盐碱地发展池塘养殖罗氏沼虾，已成为我国改造盐碱地的重要措施。

生产上可采取以下措施来改造盐碱地虾池：第一是在建池时必须通电、通水、通路，挖池和修建排灌渠道要同步进行，能够保证引入淡水逐渐排除盐碱水，同时也有利于经常加注淡水，排出下层咸水。第二是施足有机肥料，以有机肥为主要肥源，尽量不用化肥，在清整虾池时，忌用生石灰清塘，经过三年的处理后，能够促使"生塘"变为"熟塘"。第三是改造盐碱水质必须与改造土质同步进行。

二、隐蔽物的选择与设置

1. 池塘中设置隐蔽物的作用

由于罗氏沼虾具地盘性相互蚕食的习性，而且罗氏沼虾在生长过程中要经过多次蜕皮，在正常情况下，7～10天蜕皮一次，每蜕皮一次，虾也增重一次，刚蜕皮的虾，活动能力减弱，易被健康的虾杀死，因此最好在虾池中投放些树枝、水草等隐蔽物，既能有效地减少虾之间的直接接触，降低相互间的蚕食概率，还可作为虾的蜕皮场所，为虾躲避鸟、蛇等天敌起到很大作用，使其免遭侵袭，以提高成虾的成活率。实践证明，在虾池内投放隐蔽物，成活率可提高10％以上。

对于树枝、网片等隐蔽物，是具有以上作用的，而对于生物性隐蔽物如苦草、聚草、轮叶黑藻、伊乐藻等，不但本身是虾的饵料，还为底栖生物提供繁殖场所，从而增加了天然动物性饵料。在高温季节，这些挺水植物、漂浮植物等还可降低阳光对水的直射，对降低水温起到一定的作用。

2. 隐蔽物的种类

一类是没有生命活性的隐蔽物，常用的有树枝、竹片、瓦砾、砖块、贝壳、破网片、棕片等，该类隐蔽物的选择以不吸收水中溶氧、不败坏水质、不释放有毒物质为标准。与有生命活性的隐蔽物相比，它的优点是数量完全受人为控制，比较便于捕捞，但对水质无调节作用。在该类隐蔽物中，由于网片材料易得，经久耐用，立体效果好而被广泛采用。

另一类就是有活性的水草，这是我们在养殖罗氏沼虾中最常用的，也是推荐大家采用的一种，效果当然也最好，但是真正实行起来难度也最大。根据水草的生长区域和在养殖池中的位置特点，可以将隐蔽物分为沉水植物、挺水植物、浮叶植物和漂浮植物等。

3. 隐蔽物的作用

在池塘里种植水草等隐蔽物具有以下几点作用。

一是可以模拟和营造生态环境，使罗氏沼虾产生"家"的感觉，有利于罗氏沼虾快速适应环境和快速生长。

二是净化水质。罗氏沼虾喜欢在水草丰富、水质清新的环境中生活，水草通过光合作用，能有效地吸收池塘中的二氧化碳、硫化氢和其他无机盐类，降低水中氨氮，起到增加溶氧、净化、改善水质的作用，使水质保持新鲜、清爽，有利于罗氏沼虾快速生长，为罗氏沼虾提供生长发育的适宜生活环境。另外水草对水体的pH也有一定的稳定作用。

三是为罗氏沼虾提供隐蔽藏身的场所，这是在池塘中设置隐蔽物的主要功能之一。罗氏沼虾只能在水中作短暂的游泳，平时均在水域底部爬行，特别是夜间，常常爬到各种浮叶植物上休息和嬉戏，因此水草是它们适宜的栖息场所。罗氏沼虾在蜕壳时，喜欢在水位较浅、水体安静的地方进行，因为浅水水压较低，安静可避免惊扰，这样有利于罗氏沼虾顺利蜕壳。在池塘里合理种植水草，形成水底森林，正好能满足罗氏沼虾这一生长特性，丰富的水草既为罗氏沼虾提供安静的环境，又有利于罗氏沼虾缩短蜕壳时间，减少体能消耗，同时，罗氏沼虾蜕壳后成为"软壳虾"，需要几小时静伏不动的恢复期，待新壳渐渐硬化之后，才能开始爬行、游动和觅食，而这一段时间，软壳虾缺乏抵御能力，极易遭受敌害侵袭，水草可起隐蔽作用，使其同类及老鼠、水蛇等敌害不易发现，减少敌害侵袭而造成的损失。

四是为罗氏沼虾提供丰富的天然饵料，水草营养丰富，这些植物的嫩根茎叶芽中富含蛋白质、粗纤维、脂肪、矿物质和维生素等罗氏沼虾需要的营养物质，是虾很好的植物性饵料。另外水草中还含有大量活性物质，罗氏沼虾经常食用水草，能够消化，促进胃肠功能的健康运转。同时水草多的地方，赖以水草生存的各种水生小动物、昆虫、小鱼、小虾、软体动物螺蚌及底栖生物等也随之增加，又为罗氏沼虾觅食生长提供了丰富的动物性饵料源。

还有一点功能就是水生植物还含有多种药物成分，

具有防病抗病的作用。

4. 隐蔽物的特点

对于以苦草、聚草、轮叶黑藻等为主的沉水植物，由于这一类的水草生长繁殖速度较快，特别是养殖中后期，增殖数量不易控制，当过分繁殖后，会造成水质过分清瘦，透明度过大，从而影响罗氏沼虾白天的栖息活动，同时，当夜间来临时，水草的光合作用完全停滞，同时也需要进行消耗水中的溶解氧来进行呼吸作用，过多的水草耗氧量增大，易造成罗氏沼虾浮头，并且给之后的捕捞带来一定的困难。特别是进行轮捕的池塘，几乎难以用网具捕捞。为预防这种情况发生，一是培育好水色，使透明度保持在30~40厘米，起到部分抑制其生长的作用；二是发现大量繁殖时，如果此时罗氏沼虾已经生长较好，体长已达到6厘米以上，可放入适量草鱼或团头鲂鱼种，以摄食部分水草；三是用人工办法拔除或割除。通过生产实践的经验来看，只要能有效地控制中后期水草的增殖数量，沉水植物是养殖罗氏沼虾首选的隐蔽物。

对于芦苇、茭白、菖蒲等挺水植物来说，它们对池水的调节作用最小，在养殖罗氏沼虾的池塘里栽种这类水草时，主要目的还是希望通过它们来吸收底泥中的有机、无机营养盐，与沉水植物相比，由于它们的自然增殖速度慢，数量上是比较容易控制的，但是从捕捞罗氏沼虾角度来说，以后会造成捕捞上的极大困难，因此现在许多罗氏沼虾养殖者已经很少专门栽培了，只是作为搭配选用一点而已。

对于莲藕、菱角、莼菜等浮叶植物来说，由于这类水生植物的叶片在水中展开时面积较大且浮于水面，会遮去不少光线，虽然在白天为虾提供相对较暗的栖息场所，但会影响水中浮游植物的光合作用，且减少了水面与空气的接触面积，因此使用率也不高。虽然这一类植物数量相对也较易控制，但也会给捕捞带来较大困难。如果在养殖过程中，由于水草跟不上，需要使用这一类植物作隐蔽物时，建议以菱角较为理想，菱角的茎上生有水中根，对水中营养盐的吸收强于其他几种，又能增大虾的攀附面积，且茎中含叶绿素能进行光合作用，土中根又可吸收底泥中的有机无机盐类，从而降低底泥的耗氧量，浮于水面上过多的菱盘可定期割除。

对于浮萍、紫背浮萍、水葫芦、水花生等漂浮植物，这一类植物完全靠吸收水体中营养盐而生长，它们的共同缺点就是光合作用对水中溶氧的影响较小，共同优点就是数量易控制，比较便于捕捞。在选用时，也要有所侧重，其中以根系较发达的水葫芦被广为采用，但是水葫芦一定要控制好，千万不能过多，否则会直接导致罗氏沼虾养殖泛池而造成巨大损失，水花生由于根系太发达，容易有造成次生性灾害的可能性故应谨慎使用，浮萍所营造的隐蔽场所不如凤眼莲好。

5. 隐蔽物的设置与管护

我们在养殖罗氏沼虾时，应尽可能地选择有活性的水草作为隐蔽物，同时要从池塘环境的生态学角度、从罗氏沼虾捕捞的捕捞学角度、人工养殖罗氏沼虾的技术角度以及人为控制隐蔽物数量增殖能力的大小等诸多方面综合考，因地制宜，选择一种或选择几种隐蔽物来营建虾巢，为罗氏沼虾的栖息、觅食、避敌、蜕壳、生长创造良好的环境。

从生产实践中的体验来看，我们认为如果是采用轮捕的池塘，从便于捕捞罗氏沼虾的角度来选择隐蔽物；而如果是以最后干塘一次性捕捞罗氏沼虾的池塘，则着重从生态学角度来选择隐蔽物为好。另外要求在设置隐蔽物时，隐蔽物所占面积为全池的 25% 左右即可，比例不要太高，否则罗氏沼虾的生存会受到严重影响。还有一点我们在设置隐蔽物时，可能会忽略了，但是对罗氏沼虾的生长发育的影响却非常大，就是在池塘里设置隐蔽物时，四周距岸边留 2~3 米的空地，不要从池埂处就开始设置，这条 2~3 米的空档是供投喂罗氏沼虾饲料用的，因为在实践中发现，投于水草丛中的饲料不易被虾全部摄食而造成浪费。另外对于面积较大的池塘，可以在池塘的中间，采取以网片加漂浮植物为主，用大网目的旧网片裁成高 1 米左右垂直挂于水中，下端距池底 10厘米左右，让虾可自由爬行，上端与飘浮植物的根须相接触，使虾易于沿网片爬至根须丛中，捕捞时，可移动网片和漂浮植物进行捕捞。

三、生石灰清塘

1. 干法清塘

在虾苗放养前 20～30 天，排干池水，池塘在曝晒4～5天后进行消毒。在消毒前先将放少量水，使池中积水保持5～10 厘米，在池底选几个点，挖个小坑，放入生石灰，用量为每平方米 100 克左右，注水融化，待石灰化成石灰浆水后，用水瓢将石灰浆乘热全池均匀泼洒，过一段时间再将石灰浆和泥浆混合均匀，最好用耙再耙一下效果更好，然后再经5～7天晒塘后，经试水确认无毒，灌入新水，即可投放种苗。试水的方法是在消毒后的池子里放一只小网箱，放入 20～40 尾罗氏沼虾苗，如果在 24 小时内，网箱里的罗氏沼虾苗没有死亡也没有任何其他的不适反应，说明消毒药剂的毒性已经全部消失，这时就可以大量放养相应的罗氏沼虾苗了。如果 24 小时内仍然有试水的虾苗死亡，则说明毒性还没有完全消失，这时可以再次换水后1～2天再试水，直到完全安全后才能放养虾苗。后面对土池和水泥池的消毒性能的试水方法是一样的。

要注意的是，生石灰清塘的技术关键是所用的石灰必须是块灰。只有块灰才是氧化钙（CaO），才称生石灰；而粉灰是生石灰潮解后与空气中的二氧化碳结合形成碳酸钙（$CaCO_3$），称为熟石灰，不能作为清塘药物。

2. 带水清塘

每亩水面水深 0.6 米时，用生石灰 50 千克溶于水中后，全池均匀泼洒，用带水法清塘虽然工作量大一点，但它的效果很好，可以把石灰水直接灌进池埂边的鼠洞、蛇洞、泥鳅和鳝洞里，能彻底地杀死病害。

生石灰是常用的清塘消毒剂，用生石灰清塘消毒，既可迅速杀死塘中的寄生虫、病菌和敌害如老鼠、水蛇、水生昆虫和虫卵、螺类、青苔、寄生虫和病原菌及其孢子等有害生物，减少疾病的发生。另外，生石灰与水反应，还可以使池水保持一定的新鲜度，又能改良土质，澄清池水，增加池底通气条件，并将池底中的氮、磷、钾等营养物质释放出来，增加水的肥度，可让池水变肥，间接起到了施肥的作用。

四、漂白粉清塘

1. 带水清塘

在使用前先对漂白粉的有效含量进行测定，在有效范围内（含有效氯 30%）方可使用，如果部分漂白粉失效了，这时可通过换算来计算出合适的用量。

在用漂白粉带水清塘时，要求水深 0.5～1 米，漂白粉的用量为每亩池面用 10～20 千克，先用木桶加水将漂白粉完全溶化后，全池均匀泼洒，也可将漂白粉顺风撒入水中即可，然后划动池水，使药物分布均匀，漂白精用量减半。漂白粉遇水后释放出次氯酸，次氯酸具有较强的杀菌和灭敌害生物的作用，其效果与生石灰类似，但药性消失比生石灰快，一般用漂白粉清池消毒后 3～5 天，即可投放种蝌蚪或蛙进行饲养。

2. 干塘消毒

在漂白粉干塘消毒时，用量为每亩池面用 5～10 千克，使用时先用木桶加水将漂白粉完全溶化后，全池均匀泼洒即可。

五、生石灰、漂白粉交替清塘

有时为了提高效果，降低成本，就采用生石灰、漂白粉交替清塘的方法，比单独使用漂白粉或生石灰清塘效果好。方法是水深在 10 厘米左右，每亩用生石灰 75 千克，漂白粉 10 千克，化水后趁热全池泼洒。

六、漂粉精和三氯异氰尿酸清塘

它们都是含氯化合物，在水中溶解后产生次氯酸（HClO），次氯酸放出原子态氧，它们有机物具极强的氧化杀伤能力。采用的浓度以含次氯酸的含量为标准计算。漂粉精含有效氯 60% 左右，三氯异氰尿酸含有效氯为 85%～90%。

先计算池水体积，漂粉精用量为每立方水体用 10 毫克，即百万分之十（10 毫克/升），而三氯异氰尿酸用量则为每立方水体用 7 毫克，即百万分之七（7 毫克/升）。

七、茶饼清塘

每亩用茶饼 20～25 千克。先将茶饼打碎成粉末，加水调匀后，遍洒。6～7 天后药力消失，即可放养蝌蚪或蛙种。

八、生石灰和茶碱混合清塘

此法适合池塘进水后用，把生石灰和茶碱放进水中溶解后，全池泼洒，生石灰每亩用量 50 千克，茶碱 10～15 千克。

九、虾蟹保护剂清塘

虾蟹保护剂是近年来刚刚研发出来的新型清塘药物。

1. 虾蟹保护剂的作用

虾蟹保护剂用于清塘时，具有特殊的作用：

（1）可杀灭鱼类、蛙类、蝌蚪、蚂蟥等敌害生物，而对虾蟹类无害。是海、淡水虾蟹养殖池良好的清塘药物，药效时间 5～7 天。

虾蟹保护剂具的溶血性毒素，对动物血液中的红细胞有强烈的破坏作用。而蟹、虾等甲壳类的血球液不呈红色（是蓝细胞）。因此通常用虾蟹保护剂清塘，其药物只能杀灭鱼类等带有红细胞的动物，而对虾蟹类则不起作用。故虾蟹保护剂清塘有虾蟹类越清越多之说。

（2）可有效杀灭和防治虾蟹类幼体患聚缩虫病，施用 12 小时后，附着的聚缩虫则全部脱落。

（3）可杀灭附生在虾蟹甲壳上的固着类纤毛虫（如累枝虫、钟虫、苔藓虫等），施用 24 小时固着类纤毛虫全部脱落。使用后，虾蟹的甲壳光洁，无滑腻和绒毛状物。

（4）虾蟹保护剂可促进虾蟹类蜕壳，从而有利虾蟹类生长。

（5）虾蟹保护剂药效消失后，本身也是良好的有机肥料。使用后，可促进养殖水体浮游动物生长。

2. 虾蟹保护剂的使用剂量和方法

虾蟹保护剂的药效与盐度成正比，即盐度越高，杀灭能力越强。用于罗氏沼虾虾塘时，浓度为 15～20 毫克/升，称出保护剂药量后，加水 10～20 倍的食盐水（食盐浓度为 10‰）溶解。

第四节　养虾池塘的施肥

施肥是提高鱼、虾产量的有效措施之一，施肥养鱼、虾在我国养鱼历史上具有悠久的历史，在罗氏沼虾养殖中，对池塘的水色进行人为控制，是非常有必要的，而这种控制都是通过施肥来达到目的的，因此施肥是非常重要的一环，在某种意义上来，它甚至比投饵还要重要，所以现在许多地方都开发出了"带虫养虾"或"育虫养虾"的技术，它的内涵就是通过施肥来培育水体中最适宜罗氏沼虾摄取食的天然活饵料（枝角类、桡足类、轮虫等），必须注意的是，要严格掌握好施肥时间，一般是在放苗前3～4天，最多不超过一星期，做到时间紧扣，饵料生物适口。否则，不能保证适度肥水下苗，同时务必注意所施肥料必须经过充分发酵腐熟，没有杂质残留。

一、水的肥度与类型

发展罗氏沼虾生产，要有适合罗氏沼虾生长繁殖的良好水体，水体内有机物和无机物的含量、天然活饵的种群与数量以及水体的各种理化指标，对罗氏沼虾的生长发育影响很大。从养殖罗氏沼虾的角度衡量水体的优劣，主要视水的肥度、深度、温度、酸碱度（pH）、溶解氧含量以及水中无机盐的含量和种类而定。

池塘里的水和土地一样，有肥有瘦。所谓水的肥度，就是水的肥瘦程度，主要是指水中作为罗氏沼虾饵料的浮游生物的含量多寡而定。浮游生物本身带有色泽，而且它在水中数量的多少又直接影响阳光在水中的穿透能力。因此，在生产实践中，水的肥瘦一般可以用水的透明度和水的颜色来判别。

1. 透明度

水的透明度就是阳光在水中的穿透程度。透明度的大小，是由水中浮游生物和泥沙等微细颗粒物质的含量所决定的。一般来说，夏秋季节，浮游生物繁殖快，水中透明度低；冬春季节，浮游生物生长受到抑制，甚至死亡沉入水底，水体透明度高；刮风下雨天气，水中有波浪时、泥沙随水流带入水体或底泥上泛时，透明度低；无风晴朗天气，水面平衡，水中透明度就高。而在一定的季节内和水中泥沙等颗粒物不多的情况下，水体的透明度又主要取决于水中浮游生物的含量。因此，在正常情况下，透明度直接反映池塘水体的肥瘦程度。

2. 水体营养分层

水体中的浮游生物包括浮游动物和浮游植物，水体的营养通常以水体中含有罗氏沼虾易消化的浮游植物和浮游动物的多少而定，特别是浮游植物的种群和数量往往决定水体的营养类型。而浮游植物的光合作用与阳光在水中的穿透能力有关，因此，水体根据所含的浮游植物含量多寡而形成营养分层。

在表水层，由于光强较高，植物可以正常生长，罗氏沼虾所需的有机营养，主要是在这一水层生成，因而称为"营养生成层"。

相反，在底水层，光照不足，植物的光合作用受到光线的限制，不能正常进行，植物的生长受到影响，有机营养物质不但较难合成、积累，而且易被分解、消化，因此，这一水层称为"营养分解层"。

通常，水深不大的水体，营养生成层占的比例比较大，生产性能好，多为富营养型，精养虾池都属于这种水体；相反，深度很大的水体，营养生成层占的比例很小，食物基础差，生产性能不好，多为贫营养型水体，丘陵型水库多属这种水体。

所以，在正常的罗氏沼虾养殖生产中，大多数水体均是富营养型的，但是富营养型水并不代表一定是肥水，而且由于水体具有自我转化能力及自净作用，在一定条件下，贫、富营养型水体可以相互转化。因此，在罗氏沼虾生产季节，必须科学施基肥，保证水体的营养，并适时施追肥，以保持肥力，从而增加水体中的营养物质，尽可能地利用肥水养虾。

3. 水的颜色与水的类型

池水反映的颜色是由水中的溶解物质、悬浮颗粒、天空和池底色彩反射等因素综合而成。例如富含钙、铁、镁盐的水呈黄绿色；富含溶解腐殖质的水呈褐色；含泥沙多的水呈土黄色而浑浊等。但是罗氏沼虾池塘的水色主要是由池中繁殖的浮游生物而造成，由于各种浮游植物细胞内含有不同的色素，当浮游植物繁殖的种类和数量不同时，便使池水呈现不同颜色与浓度，而水体中罗氏沼虾易消化的浮游植物的种群和数量的多少直接反映水体的肥瘦程度。因此，在养虾生产过程中，很重要的一项日常管理工作就是观察池塘水色及其变化，以便大致了解浮游生物的繁殖情况，据此判断水质的肥瘦与好坏，从而采取相应的措施，或施肥或注水，以保证罗氏沼虾生产顺利进行。在这方面，我国渔民积累了看水养虾的宝贵经验。

由于浮游生物的种类和数量不同而反映的水色是多种多样的，加上其他因素的作用，情况更为复杂。根据水色的变化，划分池水的肥瘦与好坏，尚缺乏较精确的科学的指标，现仅根据池塘水色将水质划分为几种类型。

（1）瘦水与不好的水。瘦水，水色清淡，呈淡绿色或淡青色，透明度较大，可达60～70厘米以上，浮游生物数量少，水中往往生长丝状藻类（如水绵、刚毛藻）和水生维管束植物（如菹草等）。

下面几种颜色的池水，虽然浮游植物的数量较多，但因这些浮游植物表面具胶被或纤维质，不能被罗氏沼虾消化和利用，或属于难消化的种类，因此对养虾不利而被称为不好的水。

a. 暗绿色：天热时水面常有暗绿色或黄绿色油膜，水中裸藻类、团藻类较多。

b. 灰蓝色：透明度低，浑浊度大，水中以颤藻为主的蓝藻类较多。

c. 蓝绿色：透明度低，浑浊度大，天热时有灰黄绿色的浮膜，水中微囊藻、球藻等蓝藻类、绿藻类较多。

在这种不好的水体中养虾，需要进行人工投饵施肥，从而改变水体中浮游植物的种群，并增加其数量，以便提高水质，利于养虾。

（2）肥水。肥水水色呈黄褐色或油绿色，混浊度较小，透明度适中，一般为20～40厘米。水中浮游生物数量较多，罗氏沼虾易消化的浮游植物种类如硅藻、隐藻或金藻较多；浮游动物以轮虫较多，有时枝角类、桡足类也较多。肥水按其水色可分为两种类型。

a. 褐色水：包括黄褐色、红褐色、褐带绿色等，优

73

势种群多为硅藻，有时隐藻大量繁殖也呈褐色，同时含有较多的微细浮游植物如绿球藻、栅藻等，特别是褐带绿的水尤其如此。

b. 绿色水：包括油绿色、黄绿色、绿带褐色等，优势种类多为绿藻（如绿球藻、栅藻等）和绿藻，有时也有较多的硅藻。

根据多年来群众看水养鱼虾总结出的宝贵经验，认为肥水应具有"肥、活、嫩、爽"的表现。"肥"就是浮游生物多且罗氏沼虾易消化的种类的数量多。渔农常用水的透明度来衡量水的肥度，或以人站在上风头的池塘埂上能看到浅滩15厘米左右水底深处的贝壳等物为度，或以手臂伸入水中约20厘米处弯曲五指若隐若现作为肥度适当的指示，这样的透明度约相当于25～35厘米的透明度和20～50毫克/升的浮游植物量；"活"就是水色和透明度常有变化，水色不死滞，随光照和时间不同而常有变化，这是浮游植物处于繁殖旺盛期的表现，渔农所谓"早青晚绿"或"早红晚绿"以及"半塘红半塘绿"等均为此意。渔农看水时，不仅要求水色有日变化，还要求每十天、半个月常有变化，因此"活"还意味着藻类种群处在不断被利用和不断增长，也就是说池塘中物质循环处于良好状态；"嫩"就是水色鲜嫩不老，也是易消化的浮游植物较多，细胞未衰老的表现。如果蓝藻等难消化种类大量繁殖，水色呈灰蓝色或蓝绿色或者浮游植物细胞衰老，均会降低水体的鲜嫩度，形成"老水"。所谓老水主要有两种征象：（a）水色发黄或发褐色，这是藻类细胞老化的现象，广东渔民所称的"老茶水"（黄褐色）和"黄蜡水"（枯黄带绿）也属此类；（b）水色发白，主要是蓝藻特别是极小型蓝藻滋生的一种征象，这种水的特点是 pH 较高（pH10 以上）和透明度较低（通常低于 20 厘米），水色发白是 CO_2 缺乏而使碳酸氢盐不断形成碳酸盐粉末的现象，与此同时，pH 的升高促进了蓝藻的生长，渔农遇到老水的对策常用氨水加塘泥或大粪水或石灰水拌塘泥全池泼洒；"爽"就是水质清爽，水面无油膜，混浊度较小，水中含氧量高，透明度不低于 25 厘米。渔农所谓"爽"的肥水，浮游植物量一般在 100 毫克/升以内。

（3）转水。随天气变化而改变水质的水体，也叫扫帚水、水华水、乌云水。是在肥水的基础上进一步发展而形成的，浮游生物数量多，池水往往呈蓝绿色或绿色带状或云状水体。这种水体中含有大量罗氏沼虾所喜食的蓝绿色裸甲藻和绿藻。裸甲藻喜光集群，因而形成水华，池水透明度低，15～25 厘米。转水通常出现在春末或夏秋季节晨雾浓、气压低的天气。主要是因水质过浓过肥，水体中下层严重缺氧，浮游生物上浮到水表面集群呼吸氧气而造成的。出现转水现象后，如果不久雾消天晴，经阳光照射，水体的转水现象会逐渐消退，浮游生物上、中、下层逐渐分布均匀，水体转变为肥水；若久雾不散，天气继续变坏，则浮游生物因严重缺氧而大批死亡，导致水质突变，水色发黑，继而转清、变臭，成为"清臭水"，这时水体中溶解氧被大量消耗，往往会造成罗氏沼虾因缺氧窒息而成批死亡，形成泛塘。因此，一旦池水出现转水现象时，应及时加注新水，或开动增氧机进行人工增氧，防止水质进一步恶化。

（4）恶水与工业污染水。水色呈红褐色或棕色，水中含有大量红甲藻，这种藻类含有毒素，罗氏沼虾食用后往往造成消化不良，甚至引起死亡，这种水称为恶水，恶水未经处理后不能用于水产养殖。

工业污染水有红色、褐色、乳白色等不同颜色，色泽混乱，水中含有过量的硫化物、氰化物和汞、铬、铅、锌、砷、镍等重金属元素，极不利于罗氏沼虾的生存和生长，这种水体未经净化也不能用于水产养殖。

二、罗氏沼虾池塘水质的判断方法

"肥、活、嫩、爽"的水质是罗氏沼虾生长发育最佳的水质，如何及时地掌握并达到这种优良水质标准呢？经过多年来我国许多科技工作者和渔农的总结分析，通常采用以下的"四看"方法来判断水质。

1. 看水色

在罗氏沼虾养殖过程中，水色及其变化是判断水质好坏的重要指标。水色是水中浮游生物数量、种类的综合反映。好的水色具有"肥、活、嫩、爽"四大特色，表明罗氏沼虾喜食、易消化的单胞藻类繁殖旺盛、溶氧充足，酸碱度适宜，有害化学成分含量少。

在一般情况下藻相与水色有以下几点关系。

一是如果水体中主要含有硅藻、新月菱形藻、小球藻、角毛藻、三角褐指藻等，水色呈红棕色。红棕色是养虾的最佳水色，这些藻类都是罗氏沼虾的优质饵料。

二是如果水体中主要含有绿藻，水体呈淡绿、翠绿色。绿藻能大量吸收氮，净化水质，也是养殖者所期望的水色。

三是如果水体中主要含有金黄藻，水体呈淡黄、金黄色，也是养虾比较好的水色。不过，暴雨后泥土注入虾塘也会使水出现黄色，要区分不同情况进行判断。

四是如果水体呈暗绿色则含蓝藻较多，如果水体呈黑褐色则含鞭毛藻、绿藻、褐藻等较多，这些都是有机质过多的征兆，是不好的水色。

五是如果水中轮虫、桡足类长期占优势，水体就呈现白浊色，它会使罗氏沼虾的成活率下降。

六是如果水中浮游生物过少，水过瘦，水体呈澄清色。清水表明浮游植物大量死亡。如果纤毛虫、夜光虫较多，水呈红色，易造成缺氧、发病，这些水色都不宜养虾。

2. 看水色的变化

池水中罗氏沼虾容易消化的浮游植物具有明显的趋光性，形成水色的日变化。白天随着光照增强，藻类由于光合作用的影响而逐渐趋向上层，在14时左右浮游植物的垂直分布十分明显，而夜间由于光照的减弱，使池中的浮游植物分布比较均匀，从而形成了水体上午透明度大、水色清淡和下午透明度小、水色浓厚的特点。而罗氏沼虾不易消化的藻类趋光性不明显，其日变化态势不显著。另外，十天半月池水水色的浓淡也会交替出现。这是由于一种藻类的优势种群消失后，另一种优势种群接着出现，不断更新罗氏沼虾易消化的种类，池塘物质循环快，这种水称为"活水"，另一方面，由于受浮游植物的影响，以浮游植物为食的浮游动物也随之出现明显的日变化和月变化的周期性变化。这种"活水"的形成是水体高产稳产的前提，是一种优良水质。

3. 看下风油膜

有些藻类不易形成水华，或因天气影响不易观察，可根据池塘下风处（特别是下风口的塘角落）油膜的颜色、面积、厚薄来衡量水质好坏。一般肥水下风油膜多、较厚、性黏、发泡并伴有明显的日变化，即上午比下午多，上午呈褐色或烟灰色，下午往往呈现绿色。油膜中除了有机碎屑外，还含有大量藻类。如果下风油膜面积过多、厚度过厚且伴着阵阵恶心味、甚至发黑变臭，这种水体是坏水，应立即采取应急措施进行换冲水，同时根据天气情况，严格控制施肥量或停止投饵与施肥。

4. 看"水华"

在肥水的基础上，浮游生物大量繁殖，形成带状或云块状水华。其实水华水是一种超肥状态的水质，若继续发展，则对养殖罗氏沼虾有明显的危害。因而水华水在水产养殖中应加以控制，人们总是力求将水质控制在肥水但尚未达到水华状态的标准上，但是，另一方面水华却能比较直观地反映了浮游生物所适宜的水的理化性质、生物特点以及它对罗氏沼虾生长、生存的影响与危害。加上水华看得清、捞得到、易鉴别，因而可把它作为判断池塘水质的一个理想指标，详见表2-1。

表 2-1   池塘常见指标生物和水华种类与水质的关系

水色	日变化	水华的颜色和形状	优势种群	主要出现季节	水质优劣与评判	备注
红褐色	显著	蓝绿色云块状	蓝绿裸甲藻	5~11月	高产池，典型优良水质	积极培育并保持这种优良水质，以获取高产，一旦水质有恶化趋势立即处理
	显著	棕黄色云块状	光甲藻	5~11月		
	显著	草绿色云块状，浓时呈黑色	滕口藻	5~11月		
	显著	酱红色云块状	隐藻	4~11月		
红褐色	有	翠绿色云块状	实球藻	春、秋	肥水、一般	在勤换水的基础上，配合施加无机、有机混合肥，以改良藻类的优势种群
黄褐色	有	姜黄色水华	小环藻	夏、秋	肥水、良好	
黄褐色	不大	红褐色丝状水华	角甲藻	春	较瘦水质	

水色	日变化	水华的颜色和形状	优势种群	主要出现季节	水质优劣与评判	备注
浓绿色	有	表层墨绿色油膜，黏性发泡	衣藻	春	肥水良好	在勤换水的基础上，配合施加无机、有机混合肥，以改良藻类的优势种群
浓绿色	有	碧绿色水华，下风具墨绿色油膜	眼虫藻	夏	肥水、一般	
油绿色	有	下风表面具红褐色或烟灰色油膜、黏性	壳虫藻	5～11月	肥水、一般	
油绿色	不大	无水华、无油膜	绿球藻	5～11月	较老水质	
铜绿色	不大	表层铜绿色絮纱状水华，颗粒小、无黏性	微囊藻、颤藻	夏、秋	"湖淀水"、差	加大换冲水的力度，勤施追肥，量少次多，以有机肥、无机肥混合施用效果最佳
豆绿色	不大	表层豆绿色絮纱状水华，颗粒大、无黏性	螺旋项圈藻	夏、秋	肥水、良好	
浅绿色	无	表层具铁锈色油膜、黏性	血红眼虫藻	夏、秋	瘦水、差	
灰白色	无	无	轮虫	春	良好	

三、池塘施肥养殖罗氏沼虾的作用

正因为养殖水体有肥水和瘦水之分，而肥水含有大量的罗氏沼虾易消化的浮游生物，因此罗氏沼虾在这种水体中能快速生长发育；而瘦水不具备这种优势。所以养殖罗氏沼虾时，必须尽可能将瘦水转变成肥水，这就是施肥养殖罗氏沼虾的主要内容。

所有的罗氏沼虾都是异养生物，它们生长的物质需要及能量需要完全依赖于食物——外源性饵料。商品罗氏沼虾产品的多少、质量优劣都取决于饲料的质量和数量，而这些饲料中，天然活饵料无疑是最生态、最环保、最有比较效益的，根据生产实践，这种天然饵料生物的好坏，又与罗氏沼虾养殖生产过程中施加的肥料密切相关。如果池塘能及时地、保质保量地供给天然饵料，满足罗氏沼虾的物质及能量的需求，优质高产就有物质保证；相反，要是池塘不能及时地、保质保量地供给天然饵料，那么，即使其他条件适合，也无法确保优质高产，而施肥的目的就是培育这种天然饵料。

施肥养殖罗氏沼虾的概念很明确：就是利用人工施加的肥料（包括无机肥料和有机肥料），培育水体中的浮游生物，并使之大量繁殖，为罗氏沼虾提供各种适口的天然饵料而达到提高罗氏沼虾产量的效果。

在罗氏沼虾养殖的池塘中进行施肥，它的具体作用有三点：第一是使浮游植物因得到必要的养分而大量繁殖；第二是促进以浮游植物为饵料的浮游动物和其他水生动物的增殖，这样可为罗氏沼虾提供各种适口饵料；第三是施到池塘里的粪肥等有机肥料中，含有一部分有机碎屑，这些有机碎屑可以直接被罗氏沼虾所吞食和利用。总之，在养殖罗氏沼虾的池塘中施肥，可以提高水体肥度，增加罗氏沼虾的产量，肥料进入水体后，参与水体生态系统的能量流动和物质循环。

四、无机肥料的施用

无机肥料又称化学肥料，简称化肥，就是用化学工业方法制成的肥料。因制作化肥的原料大部分都来自于矿物，所以又称矿物质肥料。一般无机肥料施用后肥效较快，故又称为速效肥料。无机肥料以所含成分的不同，可分为氮肥、磷肥、钾肥和钙肥等。其中的氮肥和磷肥相当重要。根据化肥的化学反应和生理反应，也可对肥料进行分类：过磷酸钙是化学酸性肥料；磷酸铵是化学中性肥料；硝酸钠是化学碱性肥料。生理反应是指肥料经过植物吸收它所需要的离子后，剩下另一种离子在溶液里的反应。例如硫酸铵施用后，植物吸收了铵离子，遗留下较多的硫酸根，与水反应产生硫酸，使溶液呈酸性反应，这种肥料称为生理酸性肥料；硝酸钠因植物主要吸收它的硝酸根，留下很多金属钠离子，与水反应生成氢氧化钠，使溶液呈碱性反应，故称为生理碱性肥料；磷酸铵的阴阳离子都可为植物所吸收，便成生理中性肥料。不同反应的肥料施用后对池水产生不同的影响，因此在施肥养殖罗氏沼虾时必须注意这一点。

1. 无机肥的特点

（1）有效养分含量高。无机肥料是用特定的化学物质制成的，具有一定的针对性，因此它的有效养分含量高是它最主要的特点之一。例如氮肥中的硫酸铵含氮为20%，尿素含氮为48%。1千克硫酸铵所含的氮素，相当于人粪尿25~40千克。1千克过磷酸钙（过磷酸钙含P_2O_5 18%~20%）相当于猪圈肥80~100千克。1千克硫酸钾（硫酸钾含K_2O 50%）相当于草木灰6~8千克。

（2）放入水中，肥效快。无机肥施入池塘后，能很快被水分溶解，并被浮游植物利用。有经验的渔民可以通过池塘水色的变化来判断肥料的效果，一般3~5天即可看到水色有明显变化。

（3）养分单一，这是因为除复合肥料外，无机肥料的原料都比较单纯，容易确定，大多数是一种肥料仅含一种肥分，因此在用作追肥使用时，可根据池塘的水色和罗氏沼虾不同的生长发育阶段，缺什么补什么，通虾施肥，既经济，见效又快。

（4）无机肥料在安全用肥的范围内，对池塘的自身污染较轻，而且池塘的自净作用能力强，很快能自我调节。

（5）它的施用具有用量较小，操作方便的优点。

2. 无机肥的种类

含氮化肥的种类很多，常见有硫酸铵含氮20%左右；

硝酸铵，含氮 32%～35%；氯化铵，含氮 24%～25%；硝酸铵钙，含氮 20% 左右；硝酸钙，含氮 13% 左右；尿素，含氮 46% 左右；氨水，含氮 16%～17%，这些氮肥大多是速效肥，宜作为追肥施用。

磷肥的种类也很多，过磷酸钙，含磷（P_2O_5）16%～20%；重过磷酸钙，含 P_2O_5 量较高，高达 30%～40%；汤马斯肥，含 14%～18% 的磷酸；钙镁磷肥，含磷（P_2O_5）12%～18%；磷酸三钙，含磷（P_2O_5）为 10%～30%。

无机钾肥主要有以下几种：氯化钾，含氧化钾（K_2O）50% 左右；硫酸钾，含氧化钾 45.8%～52%；窑灰钾肥，含钾（K_2O）8%～16%，高的也可以达到 20%。

复合化肥有硝酸磷肥，含氮（N）20%，含磷（P_2O_5）20%，氮磷比为 1:1；磷酸铵，氮磷比约为 1:5，含氮为 11%～13%，含磷（P_2O_5）51%～53%；磷酸二铵的氮磷比约为 1:2.5，含氮为 16%～18%，含磷（P_2O_5）46%～48%。

3. 无机肥料的施用

池塘施用各种无机肥的数量，因土壤的结构与特点、池塘的条件、水质的肥瘦、池水的深浅、养虾的方式及水平而有所差异。氮肥的用量以所含的氮计，基肥大致为每亩 2～2.5 千克，以后每次追肥的用量大致为基肥的 1/4～1/3，全年总的用量为每亩 20 千克。磷肥的施用量以五氧化二磷计算，基肥为每亩 1～2 千克，追肥为基肥的 1/4～1/3，全年用量为 7～15 千克。施用钾肥时，其用量以氧化钾计算，基肥为每亩 0.5 千克，追肥为基肥的 1/4～1/3，全年用量为 1.5～2.5 千克。

各种水体施放氮、磷肥的比例，要根据水体的水质、底质情况而确定。一般情况下，以 1 千克尿素（含氮 42%～46%）配以 2～3 千克的过磷酸钙（P_2O_5 含量为 14%）比较好。

施肥的时间与水温有密切的关系，一般情况下，当水温上升到 15℃以上时，就应先施基肥，要求一次性施足，以后就施化肥作为追肥，必要时辅以厩肥。当水温上升到 20～30℃时，浮游植物在适宜的光照、温度条件下，繁殖期来到，需要大量的能量供应，此时也正是罗氏沼虾快速生长的旺季，化肥的总量要多施，主要把握好施肥的次数要多，通常选择在晴天中午施肥。在罗氏沼虾快速生长期间，最好每 3～4 天施用一次，至少每周施用一次，以确保池水肥度适宜且稳定。

无机肥的施用比较简单，施肥时，先将各种化肥放于桶内或其他较大的容器内，然后用水溶化并稀释，均匀洒于塘面上，施肥原则上采取少量多次、少施勤施的原则，通常选择在晴天中午光照强度大的时候进行，雨天尽量不施，在天气闷热情况下宜少施或不施，但如果连续阴雨，水质较瘦时，化肥也得及时施用。

五、有机肥料的施用

有机肥料又称农家肥料，称有机肥是因为这类肥料是由有机质构成的；称农家肥，是因为制成肥料的材料绝大部分来自农村，渔民可以就地取材，制成自己所需要的肥料。由于农家肥的肥源广、生产潜力大、成本低，所以它是我国渔民在罗氏沼虾生产中的一类不可缺少的传统肥料。长期施肥有机肥，不仅可以改善水产品的营养和口感，增加渔业产量，还能培肥水质，培育饵料生物，增强水产品的品质和体质健康。有机肥料包括各种作物的秸秆、草木灰、绿肥、人粪尿、牲畜粪尿、家禽粪便、厩肥、堆肥、沼气肥和某些工厂的废水及生活污水等。这是我国养殖生产中历史最久、运用最多、最广、效果又最好的一种肥料。

1. 有机肥料的特点

有机肥施于水体后，有以下几个方面的优点。

（1）营养全面。例如 100 千克的干猪粪，就含有氮（N）5.4 千克，磷（P_2O_5）4.0 千克，钾（K_2O）4.4 千克。这些养相当于硫酸铵 27.0 千克，过磷酸钙 24.0 千克，硫酸钾 8.8 千克。另外还有少量的钙镁硫及各种微量元素。农村各种秸秆燃烧以后的灰分，称为草木灰，含钾（K_2O）特别丰富，高达 8.1%，还有 2.3% 的磷（P_2O_5）和 10.7% 的钙（CaO）。即 100 千克草木灰，就相当于硫酸钾 16.3 千克，过磷酸钙 13.8 千克。

（2）提高水体养分的有效性。因为有机肥是以有机质为主，在施入水体后，水体中和池塘底质中的有机质必然会增加。因此在池塘这个小生境中，土壤微生物也就变得非常活跃,它们在分解水体中和土壤中的有机质时,一方面释放出生物饵料所需的各种养分,另一方面微生物所分泌的有机酸,又能促进土壤中一些难溶的矿物质的溶解,达到提高水体养分有效性的效果。

(3)能改良水体成分。有机肥施入水体后,各种有效的营养成分也就随之被水体所接受,部分有机物质可以络合水体中有毒或难溶解的无机盐而沉积于淤泥中,改良了水体的营养成分,缓解了水体的毒素影响。

(4)促进底质结构的改良。微生物在分解有机质的过程中,一方面提供养分给作物吸收利用,另一方面又形成一种黏结性物质,把分散的土粒团聚在一起,形成一种疏松的团粒结构。这种结构对提高池塘底质的保水、保肥、保温能力有重要作用。

(5)可以变废为宝,净化环境。制作有机肥的材料来源很广,生产潜力很大,成本也很低。可以说哪里有人类居住和农业生产,哪里就会得到制作有机肥的材料,如人粪尿、畜禽粪便、各种作物的秸秆、塘埂地头的杂草、水产品加工后的残渣以及城市垃圾等。这些废、杂物品,如果不用来制成有机肥,人类的生活环境就会受到污染,所以说,施用有机肥实际上变废为宝,也是对环境的净化。

2. 有机肥的种类

绿肥是比较重要的一类有机肥,凡采用天然生长的各种野生青草、水草、树叶、嫩枝芽或各种人工栽培的植物，经过简单加工或不经加工，而作为肥料的植物均称为绿肥，绿肥植物在水中易腐烂分解，为细菌创造了良好的生长发育环境，故是很好的池塘有机肥料。

饼肥是油料作物的籽实，在经过榨油或提取后，剩余的残渣。饼肥的种类有大豆饼、菜籽饼、芝麻饼、花生饼和棉籽饼等。

粪肥有人粪尿、家畜家禽粪尿。另外还有混合堆肥、沼气肥等都是常用的有机肥。

3. 有机肥的施用

所有的有机肥必须实行预先处理，加强有机肥的施入效果，使第一阶段分解过程在罗氏沼虾池塘外完成，例如有机绿肥须经沉淀、曝气、氧化塘等处理或经沤制、发酵、降解、矿化以后，再进入罗氏沼虾养殖池，以减少虾池的生物耗氧量。一般基肥施用量为每亩 400～500 千克。追肥的用量一般为：4～6 月，每月每亩水面施加 150～200 千克；7～9 月，由于投饵量大，水质已很肥，一般不再追施粪肥；9 月中旬以后，天气转凉，水色变淡，又可酌情施肥，以保证水温的恒定或水温的缓慢下降，一般每月每亩用量为 200～250 千克。

罗氏沼虾池塘施追肥时，应掌握少量多次、勤施少施的原则，可采用分小堆堆放的方法，每 7～10 天堆放一次，每次用量为全月总量的 1/4～1/3，也可用泼洒的方法，每 1～2 天全池均匀泼洒一次，每次用量为月总量的 1/20～1/10。

六、有机肥料、无机肥料配合施用

有机肥料或无机肥料单独使用，各有优缺点，如果将二者同时施用或交替施用，可以充分发挥两类肥料的优点，更是相得益彰，既有速效的化学养分，又有缓效的有机养分，同时相互间弥补了缺点，因而可能得到更好的施肥效果，并节约肥料消耗量。实践证明：有机肥料和无机肥料混合施用比单独施用某一种肥料更有利于促进浮游生物的发育。

根据肥料的性质，有些肥料可以混合施用，混合后双方优缺点互补，增进肥效，如无机的过磷酸钙肥料和有机肥料混合施用就是一例；有些肥料则不能混合施用，如果盲目混合施用，可能导致肥效降低甚至毒害罗氏沼虾，例如磷肥与石灰、草木灰等强碱性物质混合时，则生成了不溶性的磷酸三钙，影响了肥效，这类肥料就不能混合施用。各种肥料是否可以混合施用，主要取决于它们本身的性质。一般而言，酸性肥料和碱性肥料不宜混合施用；混合后产生气体逸出或产生沉淀而使养分损失的则不宜混合施用；影响双方肥料有效成分稳定性的不宜混合施用；混合后产生有毒物质，如 NH_3、H_2S、HPO_3（偏磷酸）等，毒害鱼虾，破坏水质的肥料不宜混合施用。

根据多年来许多科技工作者总结的生产实践，认为各种肥料混合施用的情况如图 2-1 所示。其中："√"表示两种肥料可以混合施用；"×"表示两种肥料不能混合施用；"△"表示两种肥料混合后要立即施用，不宜久存，否则会降低肥效。

	1	2	3	4	5	6	7	8	9	10	11	12	13
1	—												
2	△	—											
3	√	√	—										
4	√	√	√	—									
5	×	×	△	×	—								
6	√	√	√	√	×	—							
7	×	×	△	×	√	△	—						
8	√	×	√	√	△	√	√	—					
9	√	√	√	√	√	√	√	√	—				
10	×	×	×	×	×	√	√	△	△	—			
11	△	△	√	△	×	√	×	√	×	√	—		
12	×	×	×	×	×	×	×	√	√	×	×	—	
13	△	×	△	×	√	√	√	√	×	√	√	×	—

图 2-1　各种肥料混合施用情况

1—硫酸铵、氯化铵　2—碳酸氢铵、氨水　3—尿素　4—硝酸铵

5—石灰氮　6—过磷酸钙　7—钙镁磷肥　8—磷矿粉肥

9—硫酸钾、氯化钾　10—窑灰钾肥　11—人粪尿

12—石灰、草木灰　13—堆肥、厩肥

七、施肥的十忌

施肥养虾是作为提高鱼虾产量的有效措施之一被广

泛应用到渔业生产中，但是，由于种种肥料有其优点缺点，同时施肥也是一门专业性较强的学问，为了充分有效地发挥施肥养殖鱼虾的最大效果，切记施肥的"十忌"。

1. 忌雨天施肥

雨天施肥至少有四大弊端：①天气阴暗光照减弱，水体中浮游植物光合作用不强，对氮、磷等元素的吸收能力较差；②随水流带进的有机质较多，不必急于施肥；③水量较大量，施肥的有效浓度较低，肥效也随之降低；④溢洪时，肥料流失性大。

2. 忌气闷热天施肥

天气闷热时，气压较低，水中溶氧较低，施加肥料后则使水中有机耗氧量增加，极易造成罗氏沼虾池塘因缺氧而浮头泛池；同时，天气闷热时，可能即将有大雨降临，犯了下雨天施肥的大忌。

3. 忌浑水施肥

水体过分浑浊时，说明水体中黏土矿粒过多，氮肥中的铵离子和磷肥及其他肥料的部分离子易被黏土粒子吸附固定、沉淀，迟迟不能释放肥效，造成肥效的损失。

4. 忌化肥单施

施肥的主要目的是培育水体中的罗氏沼虾易消化的

浮游植物与浮游动物，经过食物链与能量流动，最终供罗氏沼虾食用。浮游生物吸收营养是有一定比例的，一般要求氮、磷、钾的有效比例为 4∶4∶2，如果单施某种化肥，肥效的营养元素比较单一，则其他的营养元素就会成为限制因子而制约肥效的充分发挥。

5. 忌盲目混施

某些酸性肥料与碱性肥料混合施用时，易产生气体挥发或沉淀沉积于淤泥中而损失肥效；某些无机盐类肥料的部分离子与其他肥料的部分离子作用也可丧失肥效；有些离子被土壤胶粒吸附也会丧失肥效。

6. 忌高温季节施肥

罗氏沼虾池塘施肥的季节宜在每年的 5～10 月，水温在 25～30℃的晴天中午进行，但并非温度越高越好。在水温超过 30℃时应停施少施肥料，特别是有机肥料易引起水体溶氧降低，如果此时仍一味施肥，不仅会浪费肥料而提高养殖成本，而且会败坏水质，引起罗氏沼虾的浮头泛塘。

7. 忌固态化肥干施

干施的氮、磷肥呈颗粒状，由于其自身的重力因素，它们在水表层停留时间较短，易沉入水底，陷入污泥的陷阱中，从而影响肥效。正因为这个原因，许多水产专家将淤泥比喻成磷肥的"陷阱"。一般在施用固态氮磷肥时，采用溶解后兑水全池泼洒为最佳。

8. 忌虾摄食不旺或暴发疾病时施肥

在虾摄食不旺时施肥，培育的大量浮游生物不能及时地被有效利用。易形成水华，败坏水质；而在罗氏沼虾暴发各种疾病时，它们自身的抵抗力减弱，虾的摄食能力下降，不宜施肥。

9. 忌一次施肥过量

如果过量施用铵态氮肥，会使水体中氨积累过多，造成罗氏沼虾中毒现象；同时施有机肥过量，则使水体中有机物耗氧量增大，容易造成罗氏沼虾池塘缺氧而泛塘，所以施肥时，千万不能图省事，一次将肥料下足，应严格遵循"少量多次、少施勤施"的八字施肥方针，一般要求3～5天施追肥一次，使池水的总氮有效浓度始终保持在0.3毫克/升以上，总磷浓度保持在0.05毫克/升以上。

10. 忌施肥后放走表层水

肥料施入水体后，经过一系列的理化反应，3～5天后才可以转化成浮游生物，7天左右优势种群的数量达到高峰期，而且浮游生物的种群一般均匀分布在水体表层的1～2米处。如果施肥后放走表层水，则培育的浮游生物明显受到损失，造成肥效的下降，如果确因农业用水的需要，此时应从底涵放走水。

八、施肥养殖罗氏沼虾的注意事项

水质培养主要是在虾苗放养前，在池塘内培育出丰富的天然基础饵料生物，以促进虾苗成活率，增强虾苗体质和抗病能力，同时也是降低养殖成本，养殖大规格商品虾的有效措施。在进行施肥养殖罗氏沼虾时，还要注意以下几点。

一是基肥最好在放苗前7～15天进行。使虾苗入池后有足够的饵料生物摄食，因为基础饵料生物适口性好，营养全面，是任何人工饲料所不能代替的，这对提高虾苗成活率和增强虾的体质相当重要，同时饵料生物特别是浮游植物有净化水质，吸收水中氨氮、硫化氢等有害物质，减少对虾的危害，对稳定水质起着不可低估的作用。

二是要确保培育后的水体呈嫩绿色，水体透明度35厘米左右为佳。

三是池塘的水深一定不能超过1米，以免底层光线不足而影响基础饵料生物的繁殖。

四是一旦发现有大型绿藻、青苔和水草，即应设法人工清除，可排干池水曝晒数日或者加深池水以抑制其生长。

五是在虾苗放养前2天施用1次溴氯海因，对水体进行消毒以杀灭有害细菌。

六是利用有益微生物来调节水质，在养虾池中施放有益微生物，如光合细菌、化能异养细菌等，能及时降解进入水体中的有机物，如动物尸体、残饵等，减少有机耗氧，稳定 pH，同时能均衡持续地给单胞藻类进行光合作用提供营养，平衡藻相和菌相，稳定水色，从而提高水的质量、减少养殖过程的换水量。

第五节　虾苗的放养

一、罗氏沼虾虾苗的放养模式

罗氏沼虾在我国各地发展很迅速，罗氏沼虾的放养模式也有很多种，根据调查发现，目前比较有效的虾苗放养模式大致有以下几种。

1. 直放直捕型

也就是一次性放足虾苗，最后一次性起捕上市。通常是在 4 月底～5 月上旬，选择合适的天气直接放苗入大池，经 4～5 月饲养一次性起捕，一般亩放苗在 3 万～5 万，产量也高低不等，是最原始的方法，但也有很多养殖户仍沿用。

2. 一次放苗，多次起捕

也是一次性放足虾苗，通常在 5 月上旬前放苗结束，养殖 3 个月以后开始拉网销售，每次用 2.8 厘米以上稀网拉出一部分或用地笼张虾捕出部分，要求拉网作业时要干脆利落。当捕捞一部分后，池塘里的密度就会下降，这时可以利用夏末初秋的有利时机，虾池里剩下的罗氏沼虾进行投饵养殖，到十一月时全部起捕完毕。这种模式一般亩放苗为 5 万～7 万，养殖户采用这种方法，产量比第一种方法要高出 20％。

3. 两次放苗，多次捕捞

也就是一年中放养罗氏沼虾幼苗两次，然后采取多次捕捞的方式将成虾全部捕捞上市。

第一次放苗：在四月中旬搭棚暂养虾苗，经二十天的强化培育，可于 5 月初将这些罗氏沼虾苗放在大塘里进行养殖，进入 6 月中旬，就可以用地笼进行张捕，采取捕大留小的方式，慢慢起捕上市，到 7～8 月第一茬基本销售完毕。

第二次放苗：7 月上旬在池边挖好小池暂养好第二茬小苗，待第一茬销完或只剩塘底少量虾时补苗入池进行第二茬养殖，9 月中旬后进入第二茬的销售，同样地可采用地笼张捕的方式进行多次捕捉，直到 11 月上旬时可一次性拉网捕捞，然后再干塘捕捉。采用这种放苗及养殖的方法，收效很不错，亩产可达 400 千克左右。

二、虾苗的质量

虾苗的质量如果很差，它们的成活率就会降低，怎能保证养殖的成功呢？有的虾农购苗时只考虑价钱，却不重视虾苗的质量；有的虾农明知虾苗质量差，却存在侥幸心理，认为只要增大虾苗数量就可以解决问题，殊不知由于虾苗质量差，成活率低，对存塘虾数目心中无数，想养殖成功谈何容易。

因此虾苗的选购是至关重要的，它将会直接关系到养殖的成败，所以购进虾苗前要经过多方面的调查了解，应选用信誉度好的大型育苗企业的虾苗。购苗时，应选购健康虾苗，表现在以下几点。

第一是虾苗的大小一致，个体体长在0.8厘米以上，是变态后的4～5期仔虾，规格整齐，个体差异不明显，同批中无损伤和畸形苗；而劣质虾苗的个体悬殊较大，同时也有大量畸形苗出现。

第二是虾苗的体色透明，虾体成一直线，2条小触须并拢，体表斑点少，附肢完整，每一肢节都较长，尾部肌肉饱满透明，游泳时两眼张开，不时两眼和尾叶张开、闭合，方向性明显，逆水游泳能力强，垂直游泳时敏捷、灵活，虾苗离水活力强、弹跳好。有一种简便的判断方法是用手指惊吓它，虾苗会将腹部弓起且能有力弹跳逃避，或搅动水流能迅速靠边和逆流游动者为好。特别要注意不要购买快速淡化（盐度每天下降超过2‰）的虾苗，另外在游动时无逆水能力，有时仅仅在原地打圈游动时都是劣质苗，不宜选购。

第三是虾苗体表清洁不挂脏，游泳肢和尾部刚毛干净、不挂泥，可以清晰地看到幼虾的胃肠里充满食物。

第四是必须选用经检测无携带病毒和有害细菌的健康苗种，虾苗的身体健康、活泼，对外界刺激反应灵敏，本身不带有病毒，最好购买SPF（无特定病原）虾苗。

在购买虾苗时还要查看一下生产场家的记录，如果是在高温期间和滥用抗生素培育的虾苗，它的抗病能力较低，入池后的死亡率很高，绝对不能选购。

还有一点要值得注意的是，罗氏沼虾虾苗培育池内的水温应与养殖池塘内水温接近，温差不得相差3℃。

三、虾苗的中间培育及淡化

罗氏沼虾苗的中间培育又称虾苗的暂养，它是提高罗氏沼虾幼苗养殖成活率、比较准确地估算虾苗数量、减少对养成池污染、增加商品虾规格等必不可少的重要养殖环节，也是为虾苗从海水环境转向淡水环境创造一个缓冲的过程。中间培育的方法有专池培育、在养成池中培育和塑料大棚三种，培育池池水盐度用海水精调至与苗场相近，放苗后要立即投喂，最佳的饵料是卤虫无节幼体或专用开口饲料，每天投喂4次，适当投喂少量花生麸以培育水质，同时进行淡化处理。

由于目前养殖用的罗氏沼虾苗种多是工厂化生产的，一般育苗用海水比重为1.015~1.020（也就是15‰~20‰），这样的盐度如果直接进入淡水中养殖，罗氏沼虾幼苗将会全部死亡，因此罗氏沼虾在移到淡水中养殖前必须先经过驯化。所以，水产养殖界都认为罗氏沼虾淡水养殖的成功与否关键在于虾苗的淡化。

虾苗的淡化是在苗种生产场进行的，育苗厂家在淡化过程中应循序渐进，严禁急于求成、快速淡化。

在进行虾苗的中间培育时就要同期进行虾苗的淡化

处理，淡化步骤是先将幼苗放在当初育苗的海水中强化培育 3～4 天，以提高虾苗的体质；接着进行第一次淡化处理，将培育池中的水放掉一部分，然后加入淡水，进水口用 60 目网片过滤，确保淡水加入后，水质的比重能下降 1‰；在第一次淡化后的第三天开始，每天往培育池中加注淡水进行二次淡化，使池水盐度以每天 1.1‰～1.5‰的幅度下降，直到盐度达到 2‰左右时就可以了，可看作是罗氏沼虾虾苗淡化结束的指标。分析总结几年来的生产实践，虾苗必须淡化至比重 1.003～1.005（也就是 3‰～5‰）以后才可直接移入淡水池塘中养殖，一般淡化时间需要 15 天左右。

在虾苗的淡化期间要不断向培育池中充气，目的是使池水中保持充足的溶解氧，同时具有保护和改善水质的作用，也可以减少虾苗上浮游动的能力消耗。因此要坚持每天巡塘几次，若发现虾苗成群游到池边且行动缓慢，就要及时采取措施，进行人工充氧。

四、无病毒苗种供应

罗氏沼虾肌肉白浊病又称为白体病、白尾病，是近年来发生于罗氏沼虾苗种阶段的一种疾病，患病虾体出现肌肉白浊、白斑或白尾症状，可在数天内发生大量死亡，死亡率可高达 60%以上，成为当前罗氏沼虾育苗、养殖的主要危害。研究表明，罗氏沼虾肌肉白浊病的病原为罗氏沼虾诺达病毒，传播途径以垂直传播为主，但是它的水平传播也有极强的感染能力。2002～2003 年，有学者应用 ELISA 方法和 RT-PCR 方法的病毒诊断技术进行了罗氏沼虾无病毒苗种繁育技术研究，成功地为我国主要育苗区及养殖区提供无病毒种虾及无病毒苗种，并有效地预防罗氏沼虾肌肉白浊病的流行。因此，近年来，无病毒苗种已经成为罗氏沼虾养殖者的追求目标之一。所以在生产上要加强无病毒苗种的生产与供应，同时也要与相关研究单位做好苗种的对接工作，这是罗氏沼虾高产高效养殖的重要保证。

五、虾苗的运输

罗氏沼虾苗种在运输时可采用泡沫保温箱，箱内装有尼龙塑料袋，袋内装好水后，放苗、冲氧、封口，每个泡沫保温箱内装虾苗 5 万尾，最好是用飞机进行装运，减少运输时间和中间环节，是提高虾苗成活率的重要保证。

苗种在运输过程中，特别是距苗场较远的养殖场，在运输途中难免会有损失和降低虾苗的活力，为确保苗种的成活率和活力，降低死亡率，在苗种装包前，预先配制好装袋的水，用大桶装好经消毒处理的水，在 1 立方米的水体中加入 200 克免疫多糖或 50～80 克海发康灵，再将它们搅拌均匀、充气，最后用该桶内的水来装袋、放苗、充氧。

六、虾苗的试水

虾苗在暂养淡化结束后，在放养前，一定要经过试水，试水目的是检验经消毒的塘水毒性是否已消失。可用网目 1 厘米的网布制成 1 米×0.5 米×1 米网箱置于池塘中，在虾苗下池前一天，每箱放苗 50～100 尾试养，24 小时后统计成活率，若成活率在 95％以上，表明药性已经消失，可以放苗。如果是从外地选购的虾苗，等运输回来的虾苗再试水 24 小时后再入池，那也不现实，这时可以用幼小的青虾苗来代替罗氏沼虾苗进行试水，效果是一样的。

在试水时有一种情况要注意，如果是采用抽取地下咸水或配制人工海水（粗盐成分为矿盐）淡化的模式，在地下咸水铁质未处理好或水体矿物质过重的情况下，有时会发生重金属离子中毒，虾苗在放塘后的第二天，往往会发现岸边有死苗或大量虾苗无力上浮水面。这样的虾苗本身就有问题，与淡化无关，也不可能进行继续养殖了。

七、放养时间

放苗必须具备多项条件，除了良好的适度肥水外，还必须考虑水温、pH 和虾苗本身的内在质量等因素。罗氏沼虾苗种放养的时间要根据以下几点来决定。

第一是要根据当年的虾苗价格走势，如果当年虾苗比较缺乏，价格昂贵，这时可以做好提前定苗的准备工作，适时可以提前放苗。

第二是要及时注意天气预报，如果天气热得比较早，可以提前放苗，如果温度普遍降低，就要适当推迟放苗，总的原则是要当地放养时的即时水温不低于22℃，日夜温差不宜过大，水温最好稳定在20℃时才能放养虾苗。

第三是在池塘养殖罗氏沼虾时，在温度条件许可的情况下，尽可能地早放苗，苗种放养时间一般在4月下旬～5月上中旬，具体来说，江浙一带放养时间一般为每年的5月中上旬，南方及两广地区根据气候水温可适当提早到4月中上旬开始放养。

第四就是一天中的适宜放苗时间应选择晴天下午放养，雨天及寒潮来临的天气均不能放苗。

八、放养密度

虾苗密度是虾农最重视的问题之一，大家关注多大的密度才能既兼顾产量，又能有效防止疾病，减少养殖风险。这是因为放养虾苗本身就是个比较复杂的问题，它涉及诸多因素，除了养殖者的技术水平、资金投入外，还与虾塘的面积、塘水的深浅、虾塘的合理改造、换冲水的条件、虾苗的规格、混养的品种、饵料的准备等息息相关，过高或过低的密度都是不适宜的，有的虾农为了追求高产量，每亩放苗10万多尾，结果虾不是因缺氧而死就是感染疾病而亡，损失惨重。

如果池塘中的罗氏沼虾苗种放养密度过高，除了会提高苗种的投入外，还会带来饵料成本的增加，更重要的是生产出来的商品罗氏沼虾，由于密度过高，摄食不均，加上水质受到影响，成虾规格普遍偏低，严重的还会导致池塘的罗氏沼虾浮头泛塘或者虾病蔓延；另一方面，如果放养的虾苗密度太低，池塘的使用率就会降低，不能充分发挥池塘的生产潜力，导致产量就达到预期的要求，经济效益也会降低。

因此放苗时一定要根据池塘实际情况确定好合理的放苗密度，具体放养密度依据虾塘条件、技术管理水平、计划产量和预期规格而定。

这里有一个相对科学的放养苗种的计算公式，罗氏沼虾养殖者可参考这种方法先估算一下放苗量：放苗密度（尾/亩）＝计划产量（千克/亩）×收获规格（尾/千克）/预计成活率。

说明：公式中的亩虾塘的计划产量可参考历年邻近地区的平均产量，也可根据资料上介绍的预计产量来确定；预计成活率要根据不同的情况来区别计算，一般小苗成活率在40％～50％，而经过中间暂养的虾苗可以按70％～80％来计算。

罗氏沼虾的有效生长时间比较短，要获得较大规格的商品虾，一般情况下，在集约化养殖的条件下，规格1厘米的虾苗，蓄水1.3～1.4米的池塘，每亩可以放养2万～2.2万尾；1.5～1.6米的池塘，每亩可以放养2.2万～2.5万尾；1.7～1.8米的池塘，每亩可以放养2.5万～3万尾；1.8米以上的池塘，每亩最大也不应超过3.5万尾。如果是放养经过暂养的大苗，规格达到2.5～4.0厘米时，这时的密度要降低至每亩放养5000～10000尾。而经过中间暂养的虾苗放养量则以上面放养量的

60%来估算。在集约化养殖时，一定要配备足够的增氧机，每2～2.5亩设置一台增氧机，以及相应的备用电源（发电机），防止养殖后期因缺氧而出现问题。

如果是采取鱼虾、虾蚌、虾蟹混养时，最好放养暂养苗，体长为2.0厘米左右。放养量一般为1万～1.2万尾/亩，配养不与罗氏沼虾争食的鲢鳙鱼50～120尾。

九、放养技巧

罗氏沼虾苗种的放养也要讲究技巧，不但在池塘中放养是这样的，在后面的水泥池养殖、混养及其他养殖方式中，这种放养技巧也是必须掌握的，马虎不得。

一是一定要掌握适度肥水下苗，也就是要先肥水再放苗，此时水色呈黄绿色或红褐色，透明度35～40厘米。实践证明，入池后的罗氏沼虾幼苗主要以摄食水中的浮游生物为主。因此，虾苗下池前，一定要先肥水，使虾苗下池后有充足的饵料。

二是在放苗前必须先对池塘的水质进行试水，确认安全后才能大量放苗。

三是放养放苗时，池水最适水温22～35℃，放苗时水温温差不宜超过3℃。为了使虾苗适应池塘的水质，这时应先将虾苗袋放入池水中10分钟，再将袋子翻一下，再放入池中10分钟，再在上风处解开袋口，向袋内缓缓加入池水，使虾苗逐步跳入池塘中。

四是放苗点宜设在池水较深的上风口处，一个池塘可以多设几个放苗点，具体放苗的位置要浅水下苗，水位为 0.6～0.8 米为宜。

五是在每个池塘中放养的罗氏沼虾幼苗最好是同一规格、同一批次的苗种，一次放足，放养的虾苗应体质健壮、无病伤、规格整齐，如果是采取轮捕轮放的技术，则放养密度要相对减少，促进罗氏沼虾的快速长成。

六是放苗操作应缓缓进行，以免生活环境剧烈变化。

七是放苗后要进行观察，由于罗氏沼虾苗很弱小，当它死亡在池塘里时，一般是无法立即发现的，这时可在放苗的同时，用几个密网箱放在池塘的深水处，每个网箱放 100 尾幼虾，进行细致观察。如果在 24 小时内摄食正常，死亡率在 10％以内，说明虾苗质量很好，可以进行下一步的投喂了，如果发现急性死亡时，特别是死亡率超过 30％时，就要继续观察，同时查找死亡的原因，当然为了确保养殖产量，也要及时补放苗种。

十、虾苗入塘后的早期管理

一是掌握良好的水质，要采取逐步加水的办法，改善水体环境并扩大虾类的活动空间。水质保持肥、活、爽、嫩，所谓肥就是保持放养时的肥水要求，具体的技术措施请见后文。

二是加强科学投喂，罗氏沼虾的幼苗对营养要求较高，如果投喂配合饲料，应使用粗蛋白在 40％以上的优质饵料，具体投喂请参考后文。

第六节 科学投饵

"长嘴就要吃"，罗氏沼虾也是如此，投饵是养虾的中心工作之一，它在很大程度上决定着养虾的产量，但是如何吃才是最好的，才能吃出最佳成效，这就是饵料的投喂技巧。饵料的投喂，应根据罗氏沼虾及天然饵料的生长规律和摄食习性，合理选择饵料投喂方法，采用科学喂养的技术，既要保证池塘的水质保持在"肥、活、嫩、爽"的状态下，又要使罗氏沼虾吃饱、吃好，生长迅速，以提高饵料的利用率，降低饲养成本，从而增加经济效益，因此在罗氏沼虾的投喂过程中一定要牢记"四定四看"的原则。

一、饵料的品种

罗氏沼虾是杂食性的，但就其喜欢程度来讲，它对动物性饵料比对植物性饵料更为偏爱。同时在人工投喂动物性饵料和植物性饵料时，往往是先摄食动物性饵料。因此，养殖罗氏沼虾动物性饵料是不可缺少的。但从营养全面的角度考试，采用动物性饵料与植物性饵料结合投喂的方法，效果比使用任何一种单一饵料均好，这已被多年的实践所证明。

目前使用的饵料品种较多，小海鱼、鱼粉、蚕蛹粉、肉骨粉、动物内脏、豆饼、菜饼、麸皮、麦粉等都可作为罗氏沼虾饵料的成分，可将它们按照一定的比例加以配合并添加一些微量元素制成全价的颗粒配合饲料。

二、配合饲料

发展罗氏沼虾养殖业，光靠天然饵料是不行的，必须发展人工配合饵料以满足要求。人工配合饵料是根据不同罗氏沼虾的不同生长发育阶段对各种营养物质的需求，将多种原料按一定的比例配合、科学加工而成。配合饲料又称为颗粒饲料，包括软颗粒饲料、硬颗粒饲料和膨化饲料等，它具有动物蛋白和植物蛋白配比合理、能量饲料与蛋白饲料的比例适宜、具备营养物质较全面的优点。配合饲料的制作与使用技术已经非常成熟了，目前市场上有不少饲料产品是适合于罗氏沼虾养殖全过程的系列配合饲料产品，经过多年生产实践应用，效果良好，深受广大养虾户青睐，是传统饲料理想的替代产品。它具有以下特点。

（1）饲料的营养全面，配比合理。罗氏沼虾的配合饲料是运用现代研究的罗氏沼虾生理学、生物化学和营养学最新成就，经过专家多年研究，反复探索，科学配制，产品符合罗氏沼虾不同生长阶段的各种营养需求，而且配制好的饲料中蛋白质含量高，氨基酸组成较为平衡，其他营养成分也较全面。它不仅能满足罗氏沼虾生长发育的需要，而且能提高各种单一饲料养分的实际效能和蛋白质的生理价值，起到取长补短的作用，是罗氏沼虾的集约化生产的保障。在幼虾阶段，饵料中蛋白质含量要求为35%～40%。成虾育肥阶段为26%～30%。

混合饵料配比，动物性饵料和植物性饵料各占 50%，另外加 1%～2%的矿物质饵料。

（2）饲料的香味纯正自然，不含引诱剂和防腐剂，饲料适口性好，不同的生长阶段都有相应大小的适口饲料。

（3）饲料的保型性能好，配合饲料投入水中能达到 2 小时以上不溃散，抗泡力强，抗泡时间达 6 小时以上，这样的饲料就能满足罗氏沼虾的摄食需求，饲料溶失率也非常低，既能充分利用饲料，又能减少对池塘的污染。

（4）使用配合饲料后，对水质不污染。配合饲料在加工制粒过程中，因为加热糊化效果或是添加了黏合剂的作用促使淀粉糊化，增强了饲料原料之间的相互黏结，加工成不同大小、硬度、密度、浮沉、色彩等完全符合罗氏沼虾需要的颗粒饲料。这种饲料一方面具有动物蛋白和植物蛋白配比合理、能量饲料与蛋白饲料的比例适宜、具备营养物质较全面的优点，同时也大大减少了饲料在水中的溶失以及对水域的污染，降低了池塘里水的有机物耗氧量，提高了池塘里罗氏沼虾的放养密度和产量。因此池塘的水质更易于控制，另外采用投饵机喂料后，投饵劳动强度低，储运方便，一定时间内不存在变质问题。

（5）饵料系数低，利用效率高，这是产品生命力之所在。罗氏沼虾颗粒配合饵料能部分或全部替代小海鱼，经多年使用，证实其饵料系数为 2 左右，饵料转换率较高。

（6）能充分利用饲料资源。通过配合饲料的制作，将一些原来罗氏沼虾并不能直接使用的原材料加工成了罗氏沼虾的可口饲料，扩大了饲料的来源，它可以充分利用粮、油、酒、药、食品与石油化工等产品，符合可持续发展的原则。

（7）能有效地提高饲料的利用效率。由于配合饲料是根据罗氏沼虾的不同生长阶段、不同规格大小而特制的营养成分不同的饲料，使它最适于罗氏沼虾生长发育的需要，另一方面，配合饲料通过加工制粒过程，由于加热作用使饲料熟化，也提高了饲料蛋白质和淀粉的消化率。

（8）能减少和预防疾病。各种饲料原料在加工处理过程中，尤其是在加热过程中能破坏某些原料中的抗代谢物质，提高了饲料的使用效率，同时在配制过程中，适当添加了罗氏沼虾特殊需要的维生素、矿物质以及预防或治疗特定时期的特定虾病，通过饵料作为药物的载体，使药物更好更快地被罗氏沼虾摄食，从而更方便有效地预防虾病。更重要的是，在饲料加工过程中，可以除去原料中的一些毒素、杀灭潜在的病菌和寄生虫及虫卵等，减少了由饲料所引起的多种疾病。

三、人工饲料的配制

1. 罗氏沼虾饲料的配方设计

罗氏沼虾全价配合饲料的配方是根据罗氏沼虾的营

养需求而设计的，下面列出国内外常用的一些饲料配方，仅供参考。

(1) 国内罗氏沼虾饲料配方（表2-2）

表2-2　国内罗氏沼虾饲料配方

序号	饲料组成（%）	粗蛋白（%）	饲养阶段	配方来源
1	鱼粉15，花生饼25，豆饼23.7，肉骨粉11.5，麸皮5，棉籽饼6，贝壳粉3，微量元素2.1，赖氨酸2.2，收氨酸1.5，光合细菌5	—	0.1～0.24克稚虾	李其材等试验配方
2	鱼粉60，麸皮22，花生饼15，矿物质3，维生素微量	50	稚虾、幼虾	广西水产研究所
3	鱼粉50，豆饼35，小麦粉15	41	幼虾	上海东海水产养殖公司
4	鱼粉（含蛋白质57）20.6，虾粉（含蛋白质45）20，大豆饼（含蛋白质47）21，玉米粉17，高黏性大麦粉（含蛋白质16）20，微量元素1，碘化盐0.4	35以上	幼虾	湖北
5	蚕蛹30，豆饼20，麦粉49，骨粉1	35.5	幼虾	上海
6	鱼粉20，麦粉30，花生饼27.5，骨粉2.5，米糠20	37	幼虾	上海

序号	饲料组成（%）	粗蛋白（%）	饲养阶段	配方来源
7	鱼粉 15，麦粉 14，豆饼 70，骨粉 1	41	幼虾	上海
8	乌贼粉（或虾壳粉）27.5，鱼粉 23，面粉 26，豆粉 20，生蛋 1.1，食盐 0.4，预混剂 2	32	幼虾	中国台湾地区
9	鱼粉 20，麦粉 30，花生饼 27.5，骨粉 2.5，米糠 20	37	幼虾—成虾的过渡饲料	上海
10	鱼粉 15，麦粉 14，豆饼 70，骨粉 1	41	幼虾—成虾的过渡饲料	江苏
11	鱼粉 30，麸皮 15，豆饼 45，四号粉 10，矿物质微量	40	幼虾—成虾的过渡饲料	淡水渔业研究中心
12	鱼粉 30，麸皮 37，花生饼 30，虾壳粉 3	41	幼虾—成虾的过渡饲料	湖北
13	苜蓿 4，玉米 56.8，黄豆 25，肉骨粉 8，鱼粉 5，维生素复合剂 1.2	—	幼虾—成虾的过渡饲料	张玄言等
14	乌贼粉（或虾壳粉）15，鱼粉 22，面粉 24，豆粉 18，钙粉 10，大麦片 7，生蛋 1.5，食盐 0.5，预混剂 2	30	中虾	中国台湾地区

罗氏沼虾这样养殖能赚钱

序号	饲料组成（%）	粗蛋白（%）	饲养阶段	配方来源
15	鱼粉 12，虾粉 12，大豆饼 12.6，玉米粉 42，高黏性大麦粉 20，微量元素 1，碘化盐 0.4	25 以上	成虾	湖北
16	蚕蛹 30，豆饼 20，麦粉 49，骨粉 1	35.5	成虾	上海
17	鱼粉 30，麦粉 49，豆饼 20，骨粉 1，	31.8	成虾	上海
18	鱼粉 10，麦粉 10，豆饼 40，麸皮 40	30.2	成虾	江苏
19	乌贼粉（或虾壳粉）10，鱼粉 22，面粉 27，豆粉 18，钙粉 12，大麦片 7，生蛋 1.5，食盐 0.5，预混剂 2	28	成虾	中国台湾地区
20	鱼粉 30，麸皮 49，米糠 20，蚌粉 1	32	成虾	上海
21	鱼粉 25，麸皮 45，花生饼 30，维生素及促生长素少量	—	成虾	广西水产研究所
22	鱼粉 35，麸皮 30，花生饼 34.75，促生长素 0.25	—	成虾	广东
23	鱼粉 30，麸皮 49.5，黄粉 20，促生长素 0.5	—	成虾	广东
24	鱼粉 30，豆饼 20，骨粉 1，麦粉 49	31.8	成虾	上海东海水产养殖公司

续表

序号	饲料组成（％）	粗蛋白（％）	饲养阶段	配方来源
25	鱼粉 20，麸皮 30，花生饼 27.5，米糠 20，蚌壳粉 2.5	37	成虾	浙江
26	鱼粉 20，麸皮 50，花生饼 27.5，蚌壳粉 2.5	40	成虾	浙江
27	大麦 4，地脚粉 10，豆饼 37，菜饼 20，米糠 8.3，鱼粉 16，骨粉 4，微量元素 0.4，食盐 0.3	35.6	成虾	常州饲料公司
28	大麦 7，地脚粉 10，豆饼 40，菜饼 12，米糠 7，麸皮 7.2，鱼粉 12，骨粉 4，微量元素 0.5，食盐 0.3	32.2	成虾	常州饲料公司

（2）国际罗氏沼虾饲料配方（表 2-3）

表 2-3　国际罗氏沼虾饲料配方

序号	饲料组成（％）	粗蛋白（％）	饲养阶段	配方来源
1	乌贼粉 31.6，干虾 27.6，鱼卵 16.9，蛋 6.9，鱼油 14，复合维生素 1，混合盐 1，褐藻胶 1	54.9	稚虾、幼体	法国

续表

序号	饲料组成（％）	粗蛋白（％）	饲养阶段	配方来源
2	虾粉 25，鱼粉 10，花生饼 5，豆饼 5，碎米 25.5，米糠 25.5，鱼油 3，黏合剂 1	25	成虾	泰国
3	虾粉 44，鱼粉 18，花生饼 9，豆饼 9，碎米 8，米糠 8，鱼油 3，黏合剂 1	35	成虾	泰国
4	苜蓿 4，玉米粉 56.8，肉骨粉 8，豆饼粉 25，金枪鱼粉 6.2	24	成虾	美国夏威夷
5	苜蓿 5，玉米粉 56.8，肉骨粉 11，豆饼粉 27.2	24	成虾	美国夏威夷
6	棉籽粉 10，玉米粉 53.25，肉骨粉 7，豆饼粉 24.25，复合维生素 1.25，复合无机盐 1.25，糖蜜 3	24	成虾	美国夏威夷
7	棉籽粉 15，玉米粉 50.25，肉骨粉 7，豆饼粉 21.25，复合维生素 1.25，复合无机盐 1.25，糖蜜 4	24	成虾	美国夏威夷
8	牛肉粉 62，玉米粉 18，高粱粉 20	29.6	成虾	哥伦比亚

2. 工艺流程

从目前国内饲料加工情况来看，其工艺大致相同，主要有以下流程。

原料清理→配料→第一次混合→超微粉碎→筛分→加入添加剂和油脂→第二次混合→粉状配合饲料或颗粒配合饲料→喷油、烘干→包装、贮藏。

四、饵料台的设置

要想在池塘中养殖好罗氏沼虾，科学投喂是头等大事，在池塘中设置5～8个饵料台或饲料观察网是获得科学投饵依据和观察罗氏沼虾生长情况的重要手段。饵料台没有特别的讲究，可以因地制宜，采取家里来源方便且选材简单的材料制作，可以用塑料盒、木条制成饵料台，也可用芦苇、竹皮、柳条和荆条等编织成圆形饵料台。每个饵料台的的面积以1平方米大小为宜，目前最常见的就是用1厘米见方的木条钉成1个木框，再用塑料窗纱钉上就做成了一个简易的饵料台。

当饵料台做好后，用木桩将饵料台固定在设定的投饵区，并分深水线区和浅水线区，保持饵料台的一端沉入水中约5～10厘米，另一端沉入水中2厘米即可，在投喂饵料时，将饵料轻轻地放在饵料台上即可。

在罗氏沼虾养殖中设置饵料台，是非常有好处的，表现在以下几点。

一是在投喂时，投放的饲料不会到处散，可以有效地防止饵料的散失。

二是便于检查和确定罗氏沼虾的摄食和生长情况，可以在投喂一个半小时后，对饵料台进行检查，看看饲料是否已经被吃完，以确定第二天投喂时需不需要增加或减少投喂量。

三是能将饲料均匀投撒在食台上，便于罗氏沼虾集群摄食。当然，投喂的饲料也不能堆积在一起，而是要均匀地撒开在食场范围内，能确保罗氏沼虾均匀摄食。

四是可以了解罗氏沼虾的生长发育及健康状况，在观察网上或饵料台上检查遗留下多少虾的粪便，如果轻轻地提起饵料台时，看看能否有罗氏沼虾在里面，如果有，再看一看它们的胃肠饱满情况，再看看罗氏沼虾的体色是否正常，外观是否健康等。

五是当池塘中的罗氏沼虾需要投喂药饵时，能使罗氏沼虾集群均匀摄食，提高药效。

五、四定投喂技巧

池塘饲养罗氏沼虾，在虾苗在下塘后的第一天内不投饵料，等第二天罗氏沼虾苗种适应池塘环境后再投饵料。罗氏沼虾饵料的投喂，要坚持四定的原则。

1. 定时

根据罗氏沼虾不同生长阶段确定投喂的次数，在天气正常的情况下，每天投喂饵料的时间应相对地固定，在虾苗入池后的第一个月，罗氏沼虾日投喂以 4 次为宜，即每天早上 6~7 时、中午 10~11 时、下午 15~16 时、晚上 20~21 时各投喂一次较为合适，投饵量分别为日投量的 20%、20%、30%、30%。以后随着罗氏沼虾的逐渐生长，可每日投喂 2~3 次，早上 7：00 左右，投日料量的 1/3，傍晚 5：00~6：00 投日料量 2/3，如果深夜增喂 1 次，则每次均投日投饵量的 1/3。

2. 定质

从外界环境中取得的饵料要保证新鲜、安全卫生、适口、清洁，禁止饲喂霉变的饵料。发霉、腐败变质的饲料不仅营养成分流失，失去投喂的意义，当罗氏沼虾摄食后，还会引发疾病及其他不良影响。在投喂新鲜饵料前，要对饵料进行清洗干净并消毒后方可投喂。饵料的各种营养成分含量合理，同时要注意饵料的多样性。

罗氏沼虾不同体长对饵料蛋白质的要求也不同：以罗氏沼虾为例，体长 2.0~4.5 厘米时，要求饲料中的蛋白质含量为 35%；体长 4.5~9.0 厘米时，要求饲料中的蛋白质含量为 25%；体长 9.0~12.0 厘米时，要求饲料中的蛋白质含量为 20%。

3. 定量

投饵总量的控制方法是以产定量，制定全所饵料计划。安排计划时一般按 2.5：1 的饵料系数计算，根据放苗情况，估算可能达到的产量。如果结合投喂小海鱼，则颗粒料与小海鱼以 1：4 的比例换算。单纯吃颗料配合饵料的虾塘只要在后期少量投一些新鲜动物性饵料，便能提高虾体肥满度。

每天投喂的饲料量一定要做到均衡适量，相对固定，防止过多或过少，以免饥饿失常，影响消化和生长，在投饵时还要根据罗氏沼虾的吸食情况、天气变化、水质情况、水温的高低灵活掌握。

投饵量首先要根据池塘内的存虾量来决定，一般来说，小虾投喂量为存塘虾的15%～20%，中虾为10%～12%，大虾为6%～8%，成虾为4%～5%（指成熟的虾）。如估算池虾体重为50千克，以投饵率10%换算，则当天颗粒饵料的用量为5千克，以此类推，虾体重的确定依据平时的测定结果推算，并根据虾的摄食状况灵活调整。在投喂后一小时至一个半小时进行检查，根据检查的结果来确定投喂是否合适。如果基本吃完，说明投喂量合适；如果有剩余，说明投饵量过多，下次要适当减少投喂量，对降低饲料的消耗（浪费），提高饲料消化率，减少对水质污染、减轻罗氏沼虾疾病和促进罗氏沼虾正常生长都有良好的效果；如果在投喂后半小时就吃完，说明投喂量明显不足，下次要加大投喂量。

当池塘水温高于32℃或低于20℃时，罗氏沼虾的摄食量会大幅下降，这时要相应减少日投饵量或停止投饵；在生长的高峰季节，要结合每天检查食台的情况，科学地确定每天的投喂量，每日的投喂量切勿时多时少，以免罗氏沼虾时饥时饱而影响正常生长。其中下午以后的投喂量应占到全天投饵量的60%以上。

在遇到一些特殊情况时，要及时减少投喂量甚至不投饵，这些情况包括：池塘里的溶解氧减少，罗氏沼虾发生浮头时就不要投饵，而是及时开启增氧机或进行其他增氧措施来解救；在池塘水质受到严重污染、浮游生物大量死亡时也不要投饵；低潮（小潮汛）时少投，大潮（大潮汛）时多投；前期少投，后期多投；上午少投，下午多投；在台风暴雨来临时或天气闷热时要少投或不投；在连续阴雨天时要少投甚至不投，而在天气晴朗时要多投；在罗氏沼虾大量蜕皮时少投，而在群体蜕皮结束后要多投，这时罗氏沼虾的胃口非常好；罗氏沼虾发生疾病时要少投或不投，并及时诊治，对症下药，待治愈后再投喂。

4. 定点

即投放饵料的地点要固定，使罗氏沼虾养成定点摄食的习惯，这个固定的地点实际上就是饵料台或观察网的地点，既便于罗氏沼虾的集中吃食和分散活动，又便于清理残余饵料。

一旦在食台上投喂后，就一定要记住在以后的每次投饲时，要将饲料投喂到搭设好的食台上，不能随意投放，避免浪费，同时也能避免罗氏沼虾由于不能定时定点找到食物而影响它的生长。

六、投喂管理

在对罗氏沼虾进行投喂的过程中，一定要加强管理，重点是要做好以下几点。

（1）投喂它喜欢的食物，可以促进它们的食欲，表现为争抢食物，并且食量也大，活动量增大。如果投入的是它们不喜欢的食物，它们便会产生排斥作用，甚至不会取食。

（2）食场要定期消毒，可用漂白粉或生石灰化浆后泼洒在饵料台周围，一个月左右可以将饵料台慢慢地向一侧迁移50~100厘米，并对原饵料台进行消毒，过一段时间再迁移回来。

（3）投喂时要加强观察，发现问题及时解决，重点可以观察四个方面：所投的饵料有没有气味，有没有霉变；饵料的营养成分是不是合理，饲料配方是不是科学，投喂的饵料对罗氏沼虾的生长发育有没有促进作用；罗氏沼虾在吃食时有没有异常情况，在换水时或引水时有没有毒源进入，有没有对罗氏沼虾的生长造成影响等。

（4）根据罗氏沼虾具体的生长发育情况而掌握不同的投喂技巧，在放苗后一个月内，虾的生活习性是浅水区内寻找饲料，因此可将微细的混合饲料加工成小团状（直径4毫米左右）投放在饵料台上，集中投饲，定点检查随时观察虾摄食情况，每万尾虾每天用团状饲料1千克。放苗后饲养一个月以上，可改由颗粒饲料投喂，颗粒直径2~5毫米，随着虾的生长，摄食范围逐步扩大，投饲点从浅水区逐步移向深水区（饵料台也要随之向深水区移动），上午投饲时应投在离堤坡水位3~4米处。

因罗氏沼虾避光性较强，白天活动都在暗处，晚上喜到浅水池坡处找食。所以晚上可在浅水区多投些，投饲面也要宽，饲料要撒均匀，使不同个体的虾都摄取到饲料，这样虾的个体生长差异不会太大，也会减少互相残杀的机会。

（5）投饲须注意天气的情况，在天气晴朗、水质清爽时，适当多投点，一旦遇到阴雨天，尤其是闷热，要减少投喂量或不投。要减少鲜活饵料（螺蚬肉）用量，因为鲜活饵料杂质大，味道浓，水分多，容易变质，投入虾池后更易造成水质恶化，也容易带进病菌滋生病毒。另外建议广大养虾户在选用饲料时，不可盲目迷信过高蛋白的饲料，而一味追求虾的生长速度，往往是得不偿失，其实只需饲料蛋白适宜即可，这样一方面可以降低成本，另一方面降低了罗氏沼虾营养代谢的失衡，减少病害的发生。

（6）要及时观察罗氏沼虾的生长情况和活动情况，尤其是7～8月份更要加强观察。这是因为7～8月份是罗氏沼虾的生长高峰期，正常情况下，罗氏沼虾的每日体长可以增长1毫米以上，如果达不到这一指标，说明投喂量不足，罗氏沼虾的生长受到限制。另外还要观察罗氏沼虾的活动情况，如果发现罗氏沼虾在白天成群结队地沿池塘四周朝一个方向游动或转圈，这是跑马病的表现，很有可能是投喂量不足或投喂的饲料质量不好造成的，这时要及时增加投喂量。

第七节　罗氏沼虾池塘的水质监控与管理

　　罗氏沼虾对水质的要求较高，因而要加强水质的调节、控制，水质控制和水质管理是罗氏沼虾养殖过程中极重要的环节。可以这样说，虾池水质管理的好坏，直接决定着罗氏沼虾养殖的成败。罗氏沼虾在池塘中的生活、生长情况是通过水环境的变化来反映的，水是养殖虾的载体，各种养虾措施也都是通过水环境作用于罗氏沼虾的。因此，水环境成了养虾者和罗氏沼虾之间的"桥梁"，是养殖成败的关键因素。人们研究和处理养虾生产中的各种矛盾，主要从罗氏沼虾的生活环境着手，根据罗氏沼虾对池塘水质的要求，人为地控制池塘水质，使它符合罗氏沼虾生长的需要。水环境不适宜，罗氏沼虾不能很好地生长，甚至影响成活。

　　在养殖过程中，我们要加强对水质的监管，这是因为池塘里的水质好坏将会直接影响到罗氏沼虾的捕食。例如池塘里的水温过高或过低、盐度突变或水质不佳时，都可引起罗氏沼虾摄食量的下降，尤其是在水质不良时，如果仍然按照平时的投喂量来投喂，就会出现残饵，剩余的饵料会加剧水质、底质的恶化，造成恶性循环，严重的时候会导致罗氏沼虾的窒息死亡。罗氏沼虾食性杂，不同发育阶段食物种类也有变化，应随着幼虾个体的增大，摄食能力的逐渐增强，相应投时投喂必需的饵料，忌用霉烂变质饲料，并要掌握适宜投饵量以保持水质良好，促进罗氏沼虾的迅速生长，预防病害发生。

一、水质因子对养殖的影响

罗氏沼虾养殖对水质的要求主要体现在罗氏沼虾养殖过程中对水体中的溶解氧、pH、氨氮、硫化氢、盐度、水色的味道和透明度等方面有一定的要求。溶解氧不仅是保证罗氏沼虾正常生理功能和健康生长的必需物质，又是改良水质和底质的必需物质，在罗氏沼虾养殖过程中溶解氧最好能保持在 5 毫克/升以上，一般不应低于 3.5 毫克/升，对于高产虾塘，一定要采取各种措施来提高水体的溶解氧，如安装增氧机、安装微管增氧等。氨氮和硫化氢是罗氏沼虾养殖的有害物质，其在水体中的浓度和含量分别应该控制在 0.5 毫克/升和 0.1 毫克/升以下。pH 是反应水质状况的一个综合指标，它和水体中浮游生物含量、溶解氧含量等有密切的关系，又影响着氨氮和硫化氢的含量，在罗氏沼虾养殖中 pH 应控制在 7.6～8.8 为宜。透明度是反映水体中浮游植物和有机腐屑数量的一个间接的物理指标，罗氏沼虾养殖中一般应前期透明度低一些，后期高一些，控制在 30～50 厘米。味道是说明池塘底层水，特别是底泥是否有腐败有机物质的指标，如果水体发黑，有腥臭味，说明水下腐败的有机物质太多，容易引发病害。

二、及时换注新水

1. 及时换注新水的意义

在养殖过程中池水受蒸发、渗漏等影响，常使水位下降；随着养殖时间的延长，水中有机物质增加，大量消耗水中氧气。因此，养殖过程中要注意添加新水，养殖中后期要注意换水改善水质。

2. 水源要得到保证

水源是水质控制的关键，要选择潮流畅通、海水盐度适宜的海区。水源应避开工农业生产排污的影响，主要水质标准不超过罗氏沼虾养殖要求的安全浓度及国家渔业水质标准。池塘附近最好有可利用的淡水资源，如河流、水库等。

有条件的养殖场可以建设蓄水池储存、沉淀水源，水体经沉淀净化后，可达到降低病原菌及病原体宿主数量、稳定水环境的目的。蓄水池水容量通常为总养殖水体的20%左右。在疾病流行期，要用消毒剂将蓄水池的水处理好后再用于养殖。

3. 换注新水的作用

经常及时地加水、换水是培育和控制优良水质必不可少的措施，对调节水体的溶氧和酸碱度是有利的。合理换注新水有4个作用：首先增加池塘水深，提高水体的容量；其次是增加了池水的透明度，有利于罗氏沼虾的生长发育；再次是能有效地降低藻类（特别是蓝藻、绿藻类）分泌的抗生素；最后就是通过注水能直接增加水中溶解氧，促使池水垂直、水平流转，解救或减轻罗氏沼虾浮头并增进食欲。

4. 保持水位，及时换注新水

罗氏沼虾放苗时水位宜在 60 厘米左右，加注新水的量要适宜，在虾苗入池 7 天后，进行第一次加注新水 10 厘米，然后隔天加注一次，在虾苗放养到池塘后 1 个月内将池水逐渐加深至虾池的最高水位 1.5 米。养殖中后期，每天根据池水水质、虾苗的生长情况等酌情随时换水，一般平时每 2 周换水 1 次，每次换水量控制在 5～10 厘米；在盛夏高温季节，天气热、光照强、水温高、水质差，会影响罗氏沼虾的觅食和蜕皮生长，还易造成罗氏沼虾发病死亡，因此要加大换水量和换水频率，每 4～7 天换水 1 次，每次 30 厘米左右；遇到特殊情况，要加大换水量或彻底换水。在换注水的同时，可以加入沸石粉，每亩用量 20 千克。总之，当水体颜色变深时或水质变坏时就要及时换水，换水时间宜在黎明前，在换水时要防止携带罗氏沼虾暴发性流行病病毒的微小活体侵入，最好在进水口使用 60 目网片滤水。

三、合理投饵施肥

选择的虾饲料，若含有不易消化的蛋白源，易造成难消化，导致池塘里的残饵、粪便多；同时养殖的中后期，水温高，虾摄食多、排粪便多等原因所形成的沉积有机物经塘底有害物质的分解，引起水体氨氮量增加、酸性加大、塘底层缺氧，严重影响了虾的抗病免疫力，易发生非病源性的黑鳃病，虾鳃组织坏死可导致大批死亡。另外营养不全或饵料腐败变质也易发生病虾软壳病，造成生长不均或生长缓慢。因此我们在养殖过程中一是要合理选择虾饲料，二是要科学处理好投饵可导致水质变坏的问题。

另外在夏季高温季节，罗氏沼虾活动摄食能力差，机体的代谢水平下降，加之水体环境恶化，病原生物滋生，容易引起虾病。这时对饲料的投喂提出了更高的要求，一次的投饵量不宜过多和过于集中，以免饵料变质发臭，致使水质变污。尤其是鲜活饵料，在高温天气极易变质，造成罗氏沼虾中毒死亡。

一般要求日投饵不少于 4 次，投喂的方法为沿池边均匀投撒，夜间投喂量占全天投喂量的 60%～70%。投喂时应遵循以下几条原则：虾密集处多投，水质好时多投，温度适宜时多投，收获前多投；阴雨天少投，水质差时少投，高温时少投，脱皮高峰少投；饵料变质不投，池底残饵多不投，水环境变化时不投。

施肥要少量，施放有机肥要先发酵，如果水质合适，也可以不施。通过培养水体中适量的单细胞藻类并维持稳定的单胞藻数量、定期施用光合细菌来分解、净化有害物质如氨氮、亚硝酸盐、硫化氢等，注意控制水体的透明度和酸碱度，调节营养盐的使用量，避免出现氨氮、亚硝酸盐中毒现象。

四、适当泼洒生石灰

定期使用生石灰对水体进行消毒，不仅可以改善水质，而且对防治罗氏沼虾疾病也有积极作用，另外生石灰的钙质对罗氏沼虾的蜕壳是非常有帮助的，可以促进罗氏沼虾迅速蜕壳，而且蜕壳后的罗氏沼虾甲壳能快速变硬。一般每亩用量 20 千克，用水溶化后迅速全池泼洒。也可以定期施用水质改良剂，增加水中钙离子，促进罗氏沼虾的蜕壳生长，避免罗氏沼虾因蜕壳困难而死亡。

五、定期使用水质保护剂

通过定期使用水质保护剂达到改善水中溶解氧，减少藻相和 pH 的波动，降低氨氮，减少有机物及其分解产生的有害物质的作用。每半月使用沸石粉 20～30 千克/亩，每半月施用石灰石粉（颗粒大小在 80 目以上）10～20 千克/亩。

六、防止罗氏沼虾浮头和泛池

精养罗氏沼虾池塘由于池水有机物多，故耗氧量大，当水中溶氧降低到一定程度时，罗氏沼虾就会因水中缺氧便浮到水面，这种现象称为浮头。浮头是罗氏沼虾对水中缺氧所采取的"应急"措施。为了防止罗氏沼虾泛池，首先要防止罗氏沼虾浮头。在养殖过程中，可以通过观察罗氏沼虾的活动情况，来判断水体中溶解氧情况。

水体缺氧的预兆是：水体透明度小于 30 厘米或大于 80 厘米；罗氏沼虾白天在水面上无力地漫游；水色呈浊白色；塘底黑区大、有臭味；日落后虾塘周围有很多蚊虫。另外，在夏季高温期，天气闷热无风，或连续阴雨天也容易缺氧。在下列情况下表明缺氧严重：全塘浮头；白天或傍晚、上半夜浮头；在罗氏沼虾受到惊动时，不下沉躲避；全塘虾的眼睛和触角露出水面。

发现以上浮头现象要及时开动增氧机、加水、换水或使用增氧剂。增氧机的开机时间应根据溶解氧需要来掌握。①晴天中午开；②阴雨天的次日清晨开；③浮头以前开；④连续阴雨天气时要早开；⑤晴天傍晚不开机；⑥阴雨天中午不开机；⑦在罗氏沼虾投饲时应停机半小时至一小时，以利于罗氏沼虾摄食。

另外，在暴雨后，虾池的水质容易发生变化，应做好表层排水准备，并使用沸石粉及石灰粉，雨停后开动增氧机，适量施肥。

七、合理使用有益微生物制剂来调节水质

水质的调控主要是调好养殖期的水色及控制好水体中理化因子（氨氮、亚硝酸盐等）的含量。养殖期的水色以油绿色为好，养殖水体保持适量的浮游植物（单细胞藻类），对水体中产生的氨氮、亚硝酸盐等有害物质起到净化作用；同时，它又可作为幼虾的饵料。

1. 有益微生物制剂调节水质的作用

为了控制好水中的氨氮等有害物质，养殖水体除了要培养好适量的藻类，还应培养有益的生物细菌如光合细菌、芽孢杆菌等，一方面可以吸收水中的有害物质，另一方面当有益细菌大量繁殖时可以抑制有害微生物的繁殖生长，促进有益微生物生长，对改良养殖水环境，保持水体微生态环境平衡，有效防止底质恶化，预防病原微生物增加起到重要作用。因此在罗氏沼虾的养殖过程中，可以通过定期施放有益微生物制剂使虾池水保持自身微生态平衡，它所形成的菌落直接被虾所食，能调节罗氏沼虾肠道微生物生态菌群，提高免疫、抗病力。维持池水稳定的浮游植物群落，吸收、转化罗氏沼虾排泄物及池底有机残渣，产生的代谢物直接供浮游生物利用。生产的罗氏沼虾产品质量达到安全、无公害标准。

2. 有益微生物制剂的种类

罗氏沼虾池塘常用的有益微生物芽孢杆菌、枯草芽孢杆菌、硝化与反硝化细菌、酵母菌、放线菌、EM、光合细菌、噬弧菌等。

芽孢杆菌：高浓度芽孢杆菌繁殖速度极快，长期使用水质稳定，呈黄绿色，透明度高，水质氨氮、亚硝酸盐不超标。特点：是一种厌氧菌，在使用时不需增氧，活菌作用时间长。

枯草芽孢杆菌（俗称净水菌）：属于强有机质分解

菌，能切断小分子氨、阻断 H_2S 产生途径；硝化小分子的氨类，调节水体的菌相平衡和藻相平衡。长期使用时能快速降解富营养化水质，水质黄绿色、透明度高，水质变瘦。特点：它是一种耗氧菌，在使用时需要开增氧机数小时，活菌作用时间长。

硝化、反硝化细菌：直接参与水体氮化物硝化与反硝化过程，能迅速降解水体亚硝酸盐含量。特点：它是一种耗氧菌，在使用时需要开动增氧机数小时。

酵母菌：能迅速发酵有机肥料及池底残渣，利用氨基酸、糖类及其他有机物质，产生促进其他有效微生物增殖所需要的代谢物直接供浮游生物利用，从而为它们提供给养保障。适合发酵有机肥、刺激活菌。长期使用水色茶色，有透明度。特点：它是一种厌氧菌，在使用时不需增氧。

放线菌：它是一种厌氧菌，产生各种抗生物质，可以直接抑制病原菌。并能迅速促进绿藻大量繁殖，保持水质稳定透明度，创造出其他有益微生物增殖的生存环境。放线菌和光合细菌组成混合，其抑菌作用会成倍增加。另外，被放线菌分解的物质容易被动物吸收，从而增强动物对各种病害的抵抗力和免疫力。

EM 菌原露：这是一类复合菌体，是由光合细菌、乳酸杆菌、放线菌、芽孢杆菌、酵母菌等五大类数十种微生物组成。长期使用水质稳定，呈茶色或黄绿色，有透明度。

噬弧菌：能快速吞食水体中弧菌，提高罗氏沼虾体质。宜傍晚时间使用，长期使用水质稳定。特点：它是一种耗氧菌，使用时需开增氧机。活菌不适宜长时间保存，活菌作用周期短。

光合细菌：直接促进池水浮游植物光合作用，增加水体溶解氧。具有净化养殖水体，提高水质的作用，长期使用水色稳定，水色呈茶褐色，有透明度。特点：它是一种厌氧菌，使用无须开增氧机。活菌作用周期短。

乳酸菌群：乳酸菌具有很强的杀灭病菌能力，抑制致病菌活动，有害线虫也逐渐消失。

醋酸杆菌：它从光合细菌中摄取糖类固态物，一部分还给光合细菌，形成好气性和嫌气性细菌结构的共生态。

生物制剂通过有益生物菌来净化水质和改良底质，其使用效果已被生产实践所证明，对发病较慢的虾病预防效果更好。在罗氏沼虾养殖过程中应根据不同的需要及时施用这些有益微生物制剂，将会让罗氏沼虾生产取得事半功倍的效果。

3. 有益微生物制剂的作用方法

用 10 毫升/立方米的生物制剂连续全池泼洒，10～20 天为一疗程，并用 5% 剂量的生物制剂拌饵投喂进行预防。

4. 使用有益微生物制剂的注意事项

一是在使用前先用含氯消毒剂处理水质，杀灭有害细菌，2～3天后再用10毫克/升生物制剂改良水质。

二是使用生物制剂必须有一定的浓度才有效，当养殖池中的生物制剂生物活性下降时应予以更新，用量为10毫升/立方米。

三是在虾池大量换水之后应及时补充泼洒生物制剂，以维持水体的优良水质。

四是要注意如果使用有益微生物制剂不久就泼洒消毒剂时，将会对有益微生物制剂造成失效。

八、积极防范硫化物

随着罗氏沼虾养殖业蓬勃发展，高度集约化养殖模式的推广，对罗氏沼虾养殖水环境的改良和病害的防治也提出了更严峻的要求，大家都知道，虾病暴发和水质恶化之间存在一定的联系，通常我们总是过度关注水体里的亚硝酸氮、氨氮、pH等水质指标，很少关注硫化物。我们在生产实践中发现，硫化物尤其是硫化氢也是水质恶化最重要的污染指标之一，我们在罗氏沼虾的养殖过程中，一定要尽量消除或者减少硫化物产生的危害。

1. 硫化物的来源

在罗氏沼虾养殖中，虾塘中下层水体和底泥中，食物残饵、罗氏沼虾和鱼的排泄物以及动植物残骸会不断积累，易造成水体或者底部有机质含量过高，这些有机污染物分解时，矿化成硫酸盐和硫化物，同时也消耗大量溶解氧。

2. 硫化物的危害

硫化物的危害主要表现在四个方面：一是在生成硫化物的过程中，通常是伴随着大量的溶解氧消耗，因此罗氏沼虾池塘里的硫化物越多，那就说明缺氧的可能性也越大；二是硫化物本身对虾类的毒性很强，可以通过鳃表面黏膜与组织或血液中的化学离子结合形成具有强烈刺激作用的物质，从而产生毒害，是引发集约化养殖罗氏沼虾大量死亡或病害流行的水质因子之一；三是直接影响某些罗氏沼虾病害的发生与蔓延，尤其是罗氏沼虾养殖中后期频繁发生的偷死、耗底症状；四是硫化氢作为强还原剂，可以影响大多数需氧微生物和藻类的正常代谢，从而弱化了水体的自净能力和外源微生物底质改良和硝化细菌等类产品的使用效果。

3. 虾池硫化物过多的表象

如果在罗氏沼虾养殖过程中，我们发现池塘有以下几种情况发生时，极有可能就是虾塘里的硫化物过多，需要及时处理，否则会影响罗氏沼虾的生长甚至导致它们的死亡。

这些表象有：水色很浓，并且有时倒藻；出水口水发黑且有很浓的臭味（臭鸡蛋味）；池底有死亡藻体或者池底发黑，在底泥处发现有气泡溢出；虾摄食不旺甚至减料；虾生长缓慢并且有些变形，在早上不肯摄食；鳃呈现黑、红、紫色；早上虾体发红，甚至在底泥上发现死虾；壳上发现黑斑等。

4. 硫化物的防范与控制

硫化物对发展罗氏沼虾养殖业是有害的，在养殖过程中，对防范和控制硫化物是非常重要的。

一是提高水中溶解氧，减少溶氧消耗因子，由于氧气具有很强的氧化性，当氧气充足时，就能减少硫化物的生成。主要技术措施包括确定科学的投饵时间和投喂量，尽量减少池内残饵量；合理配备增氧机，增氧机配置数量充足，有经验表明 1 千瓦的增氧机支持 350 千克罗氏沼虾产量是比较理想的；维持菌藻平衡，定期使用有益菌剂，保持水色稳定就是维持稳定的溶解氧供给；设法降低养殖水体有机污染；及时泼洒速效的过碳酸钠及缓释的过碳酸钙等增氧剂。

二是对养虾的池塘底部改良，减少硫化物生成的空间。主要技术措施包括彻底清除池底污泥，如不能清污，应将底泥翻耕曝晒，促使硫化氢氧化；有条件的可用地膜覆盖，阻止硫化物的渗出；利用硫化物和某些金属离子结合成稳定沉淀物的特点，使硫化物固定，减少沉积物的毒性；控制池塘底部 pH，硫化物随着 pH 的下降毒性增强。

三是利用生物氧化处理，把还原态的硫化物转化成较高价态的硫或硫酸的过程。这些生化菌包括硫杆菌属、丝状硫黄菌、光合硫细菌及部分异养细菌、真菌和放线菌。

第八节　其他的饲养管理

池塘养殖罗氏沼虾技术较复杂，牵涉到气象、水质、饲料、罗氏沼虾的活动情况等因素，这些因素相互影响，并时时互动。池塘养殖罗氏沼虾时，要求养虾者全面了解生产过程和各种因素之间的联系，细心观察，积累经验，摸索规律，根据具体情况的变化，采取与之相适应的技术措施，控制池塘的生态环境，实现稳产高产。

一、建立养殖档案

养殖档案是有关养虾各项措施和生产变动情况的简明记录，作为分析情况、总结经验、检查工作的原始数据，也为下一步改进养殖技术，制订生产计划做参考。要实行科学养殖，一定要做到每口池塘都有养殖档案，详见表2-4。

表 2-4　罗氏沼虾池塘养殖档案　池塘号（　月）

日期	气温	水温	风向	潮汐情况	天气情况	水中溶氧	氨氮含量	施肥情况	增氧情况	投饵量	投饵点	投饵次数	饵料来源	病死情况	用药名称	用药方法	用药量	其他情况
1																		
2																		
3																		
4																		
5																		
6																		

续表

日期	气温	水温	风向	潮汐情况	天气情况	水中溶氧	氨氮含量	施肥情况	增氧情况	投饵量	投饵点	投饵次数	饵料来源	病死情况	用药名称	用药方法	用药量	其他情况
7																		
8																		
9																		
10																		
11																		
12																		
13																		
14																		
15																		
16																		
17																		
18																		
19																		
20																		
21																		
22																		
23																		
24																		
25																		
26																		
27																		
28																		
29																		
30																		
31																		

记录人：

二、增氧机的配备与使用

增氧机是一种比较有效的改善水质、防止浮头、提高产量的专用养殖机械。目前我国已生产喷水式、水车式、管叶式、涌喷式、射流式和叶轮式等类型的增氧机。从改善水质防止浮头的效果看，以水车式增氧机最为合适。增氧机有增氧、搅水、曝气等作用，合理使用增氧机不仅可以防治泛塘，还可以增加水体的罗氏沼虾产量。

1. 增氧机对改善罗氏沼虾池塘生态环境的作用

在罗氏沼虾养殖的池塘中，除了罗氏沼虾和混养的鱼等需要耗氧外，另外水体中的浮游生物、底栖动物、在夜间的浮游植物、微生物、底泥及有机物分解等都需耗氧。为了保证这些氧气的来源，这时就需要从外界人为地增加水体中的溶解氧，这是在罗氏沼虾池塘中设置增氧机的主要目的。

增氧机对改善池塘生态环境的作用主要是对水体进行增氧。当罗氏沼虾池塘缺氧时开机，可解决罗氏沼虾浮头，减少影响生长甚至死亡造成的损失。当晴天上层溶氧高时开机，由于增氧机对水体的提升、交换、循环流动作用，不断促进中、下层水体溶氧的提高，并使整池水溶氧趋于均匀，水温趋向均匀，有利于罗氏沼虾快速生长，降低饵料系数，有利于对有机物的氧化分解，有利于减少病害的发生。另外，水体的循环流动，还促进浮游生物的分布均匀、繁殖生长，从而有利于提高池塘初级生产率，有利于提高浮游植物吸收氨氮、亚硝酸盐、硝酸盐等的能力。

2. 增氧机的增氧能力

增氧机的主要性能指标规定为增氧能力，它是指一台增氧机每小时对水体增加的氧量，例如 1.5 千瓦水车增氧机的增氧能力大致为 2.59 千克/千瓦时，表示该增氧机每小时能向水体增加 2.59 千克氧气。如增氧水体为 1000 立方米，相当于水体增加了 2.59 毫克/升的溶氧。

我国养殖罗氏沼虾的池塘目前主要配备水车式增氧机，这种增氧机的增氧更快些，也有利于节约能源，增氧机的配比量已达每亩 1 千瓦，取得了良好的经济效益。

3. 罗氏沼虾池塘配备增氧机的原则

由于增氧机是一种动力机械，它在运转过程中是需要消耗电力的，因此在选择使用时必须考虑到它的运营成本，在罗氏沼虾池塘养殖中，选择增氧机配置主要考虑水源状况、养殖密度、进水情况、电力因素等情况来综合考虑。

水源状况：水源是否丰富，水质是否一直保持良好，如一直保持良好，可考虑少配；反之则多配。

养殖密度或预计亩产量：养殖密度或预计亩产量高量时就要多配，低则少配。

进水情况：罗氏沼虾养殖池塘一般是建立在水源较方便的地方，丰水期进水时可能采用自流和虹吸，而在枯水期进水时则主要是用水泵提引。在进水过程中会带来较为丰富的溶解氧，因此如果进水方便时，用泵提升时间很短的情况下，增氧机配量可考虑较少，反之，配量应较大。

电力因素：主要是考虑电费给养殖户的压力，如当地电费相对较高而虾售价相对较低，则考虑少配，反之则多配。

4. 合理开启增氧机

一般晴天中午开机，阴天早晨开机，雨天半夜开机，傍晚不开，浮头早开，如有浮头迹象立即开机。运转时间可采取：半夜开机时长，中午开机时间短；天气炎热、面积大或负荷水面大，开机时间长，天气凉爽、面积小或负荷水面小开机时间短等措施。

午夜和黎明前，由于池水中氧气降至最低点，是罗氏沼虾最易发生浮头死亡的危险时间，如发现糠虾、白虾浮头，小杂鱼向塘边结集等现象（这是罗氏沼虾开始浮头的预兆），必须及时开动增氧机或不断换水，以增加虾池水中溶氧。平时要注意清除虾池淤泥杂物，保证水质新鲜良好，以防止罗氏沼虾浮头。

必须强调指出，由于池塘水体大，用水泵或增氧机的增氧效果比较慢。浮头后开机、开泵，只能使局部范围内的池水有较高的溶氧，此时开动增氧机或水泵加水主要起集虾、救虾的作用。因此，水泵加水时，其水流必须平水面冲出，使水流冲得越远越好，以便尽快把浮头的罗氏沼虾引集到溶氧较高的新水中以避免罗氏沼虾死亡。在抢救浮头时，切勿中途停机、停泵，否则反而会加速浮头的罗氏沼虾死亡。一般开增氧机或水泵冲水需待日出后方能停机停泵。

三、采用微管增氧措施养殖罗氏沼虾

溶解氧是池塘养殖罗氏沼虾生存的必要条件，溶解氧的多少影响着罗氏沼虾的生存、生长和产量。采用有效的增氧措施，是提高池塘养殖单位产量和效益的重要手段。

1. 微孔增氧的概念

微孔增氧技术就是池塘管道微孔增氧技术，也称纳米管增氧，是近几年涌现出来的一项水产养殖新技术，是国家重点推荐的一项新型渔业高效增氧技术，有利于推进生态、健康、优质、安全养殖。

微孔管增氧装置是利用三叶罗茨鼓风机通过微孔管将新鲜空气从水深1.5～2米的池塘底部均匀地在整个微孔管上以微气泡形式溢出，微气泡与水充分接触产生气液交换，氧气溶入水中，能大幅度提高水体溶解氧含量，达到高效增氧，提高罗氏沼虾养殖产量的目的，现已广泛应用于罗氏沼虾、对虾、泥鳅、黄鳝等水产养殖上。

池塘中溶氧的状况是影响罗氏沼虾摄食量及饲料食入后消化吸收率，以及生长速度、饲料系数高低的重要因素。所以，增氧显得尤为重要，使用增氧机可以有效补充水塘中的溶解氧。一般用水车式增氧机的池塘，上层水体很少缺氧，却难以提供池底充足氧气，所以缺氧都是在池塘底部。池塘微孔增氧技术正是利用了池塘底部铺设的管道，把含氧空气直接输到池塘底部，从池底往上向水体散气补充氧气，使底部水体一样保持高的溶解氧，防止底层缺氧引起的水体亚缺氧，同时它也会造成水流的旋转和上下对流，将底部有害气体带出水面，加快对池底氨、氮、亚硝酸盐、硫化氢的氧化，抑制低部有害微生物的生长，改善了池塘的水质条件，减少了病害的发生。在阴天或雨天使用，还可防止下雨过后水体分层造成的水面和水底溶解氧分布不均衡。在主机相同功率的情况下，微孔增氧机的增氧能力是水车式增氧机的3倍，为当前主要推广的增氧设施。

2. 微孔增氧的合理配置

在池塘中利用微孔增氧技术养殖罗氏沼虾时，微孔系统的配置是有讲究的，根据相关专家计算，1.5米以上深的每亩精养塘约需40～70米长的微孔管（内外直径为10毫米和14毫米）。按间隔60厘米距离打一个细孔，孔径一般0.6毫米。这种纳米管就是管道中布满用纳米技术打的细孔的软管，在不充气状态下，水不会自动压到管内。在水体溶氧低于4毫克/升时，开机曝气2个小时能提高到5毫克/升以上。

对于微管的管径也有一定的要求，如水深1.5～3米的池塘，用外直径14毫米、内直径10毫米的微孔管，每根管长度不超过 50 米；工厂化养殖罗氏沼虾，水深 3～4 米的，用外直径 14～14.5 毫米，内直径 10 毫米微孔管，管长不超过 50 米；水深 1.5 米以下的水泥池，用外直径 17 毫米，内直径 12 毫米的微孔管，管长不超过 60 米。

3. 微管的布设技巧

利用微孔增氧技术，强调的是微管的作用，因此微管的布设也是很有讲究的，这里以一家养殖罗氏沼虾的池塘为例来说明微管的布设技巧。这口池塘水深正常蓄水在 1 米，要求微管布在离池底 10 厘米处，也可以说要布设在水平线下 90 厘米处，这样我们可用两根长 1.2 米以上的竹竿，把微孔管分别固定在竹竿的由下向上的 30 厘米处，而后再向上在 90 厘米处打一个记号，再后两人各抓一根竹竿，各向池塘两边把微孔管拉紧后将竹竿插入塘底，直至打记号处到水平为止。在布设管道时，一定要将微管底部固定好，不能出现管子脱离固定桩，浮在水面的情况发生，这样就会大大降低了使用效率。要注意的是充气管在池塘中安装高度尽可能保持一致，底部有沟的池塘，滩面和沟的管道铺设宜分路安装，并有阀门单独控制。如果塘底深浅不在一个水平线上，则以浅的一边为准布管。

4. 使用方法

在罗氏沼虾池塘里布设微管的目的是为了增加水体

的溶氧，因此增氧系统的使用方法就显得非常重要。

一般情况下，我们是根据水体溶氧变化的规律，确定开机增氧的时间和时段。4～5月，在阴雨天半夜开机增氧；6～10月的高温季节每天开启时间应保持在 6 小时左右，每天下午 16：00 开机 2～3 小时，日出前后开机 2～3 小时，连续阴雨或低压天气，可视情况适当延长增氧时间，可在夜间 21：00～22：00 开机，持续到第 2 天中午；养殖后期，勤开机，促进罗氏沼虾的生长。

另外在晴天中午开 1～2 小时，搅动水体，增加低层溶氧，防止有害物质的积累；在使用杀虫消毒药或生物制剂后开机，使药液充分混合于养殖水体中，而且不会因用药引起缺氧现象；在投喂饲料的 2 小时内停止开机，保证罗氏沼虾吃食正常。

5. 微孔增氧养殖实际效果

采用微孔增氧技术养殖罗氏沼虾技术后，由于水环境得到改善，水中氧气充足池塘水质稳定，减小了罗氏沼虾的应激反应，罗氏沼虾病害少，活力强，摄食旺盛，生长快，个体大，增重显著，规格大而均匀，所以，除了产量提高外，销售价格得到提升，整体效益显著提高20%左右。

例如某养殖场采用池底布设管道实现微孔增氧技术后，在投放苗种时，可以适当增加 10% 的放养量，使精养罗氏沼虾每年平均亩产量从 300～350 千克提升到 450 千克。

四、巡塘

巡塘是养虾者最基本的日常工作，应每天坚持早、中、晚各进行1次。清晨巡塘主要观察罗氏沼虾的活动情况和有无死亡，同时观察水色变化，判断水质优劣，及时调节水质；午间巡塘可结合投饲施肥，检查罗氏沼虾的活动和吃食情况，判断有无虾病，力求做到有病早发现、早防治；近黄昏时巡塘主要检查有无残剩饲料。如有饲料剩余，应调整饲料的投喂量；酷暑季节天气突变时，罗氏沼虾易发生浮头，如有浮头迹象，应根据天气、水质等采取相应的措施；还应半夜巡塘，以便及时采取有效措施，防止泛池。

五、加强养殖用水的监管

严格消毒养殖用水，避免病菌的带入。现在养殖环境的污染程度越来越严重，以及养殖罗氏沼虾本身的规模化、集约化，导致排放的水体会带有不同程度的病菌，这种养殖水体的排放往往又会造成邻近水域的污染，因此在罗氏沼虾养殖过程中，如果条件许可时，可以采用自备机井抽取地下水来进行养殖，减少劣质水源对罗氏沼虾生长的影响。

六、定期估测池塘里罗氏沼虾的数量

为了对罗氏沼虾养殖的产量有个全面了解，必须经常对池塘里的罗氏沼虾进行估测，这也是为了准确投饲的需要。

当罗氏沼虾体长为 3～5 厘米时，可以用小抬网，在池塘里的多个地方进行捕虾，然后根据抬网的面积和捕捞的次数来大致估测池塘里的存塘量；当体长达到 5 厘米以上时，可以用旋网进行捕捞，在池塘里多点打网捕捞，来抽样定量。

根据捕捞到的罗氏沼虾尾数，再用下面的公式就可以求得全池的大致存塘数量：

全池罗氏沼虾存塘尾数＝［每网平均罗氏沼虾数量/旋网撒开面积（平方米）］×虾池面积（平方米）

七、定期检查

每隔 15 天随机抽样 20～30 尾虾苗进行生物学测定及池水理化因子的测定，以便了解掌握虾苗的生长速度、成活率，同时要定期检查生长情况，检查是否有疾病发生。定期检查可以做到胸中有数，对制订罗氏沼虾生产计划、为确定投饵量及调节水质等采取相应措施是很有意义的。

八、避免因药源性因素导致疾病的出现

现在许多罗氏沼虾养殖户在养殖过程中都有重治轻防的现象，一旦发病，滥用药物，且用药越来越贵，往往施药的过程非但医不好病，反而对罗氏沼虾本身产生毒性，病原体的耐药性又随着增强了。其实治病的过程，若处理、净化好水中的氨氮、亚硝酸盐等有害物质，水体保持充足

的溶氧，只要对症用药，常规的药物也能医好病。

九、越冬

当水温 20～30℃时，罗氏沼虾食欲旺盛，活动力强；当水温降至 18℃以下，活动减弱；16～17℃，反应迟钝；14℃以下时，持续一段时间就会冻死，根据这一特性，可将水温控制在 18℃以上保证其活动与摄食，让其安全越冬，若水温低于 16℃时，则要采取持续加温的措施。在越冬期间，水温高、水质好时，投饵应充足，同时也要防止投喂过度造成浪费和影响水质，此时改善水质尤为重要。

在越冬期间，需要换水时，一定要防止罗氏沼虾因水温剧烈变化引发大面积的死亡，正确的换水原则应是：①排去下层水，添加干净水；②换排水量以 10％～25％为宜；③加水时，不要将加水管的管口直接通到池中或集中于一处，较好的方法是以喷水管均匀分布于池塘上，新添水通过喷水管喷往空中掉落池塘上如下小雨一般，加水量可间断进行，边排水边加水。

排去下层水的方法，是将排水管的进水口埋于池塘底部，而在大棚外的出水口止方加设竖管，其高度设置同池内水位持平，排污时可将上方加设的管拔掉，则在排水时或不断的加水过程中，底部水会自动排出。

第九节　罗氏沼虾的捕捞

罗氏沼虾在 18℃以下活动减少，摄食量也减少，生

长缓慢，所以在 10 月下旬要及时起捕，如不起捕，在
14℃以下即可发生死亡。

一、捕捞原则

为了提高池塘养殖效益，可以采取捕大留小、分批
上市的原则，既能及时将池塘中的大罗氏沼虾上市，换
取现金，同时又能有效地对池塘里的罗氏沼虾进行分养，
提高了经济效益。

二、捕捞时间

根据罗氏沼虾的生长规律和养殖情况来看，除了进
行捕大留小外，集中捕捞时间一般是在每年的 9 月底至
10 月初进行。

三、捕捞工具

罗氏沼虾的捕捞基本上都是采用笼捕、网捕和干塘
捕捉。

四、捕捞方法

1. 地笼捕

夜间在虾池四周、四角设置地笼网，虾易进不易出，
可随时捕捞上市，尤其是在虾池的出水口设网，并在网
具上设灯光，诱捕效果最佳。轮收轮捕时，多用此法就
可以了。

2. 网捕

主要是采取"迷魂网"结合拉网的方法收获，捕大留小，每天可定时倒网两次。

3. 虾笼捕

可以用 L 形虾笼进行捕捉，这种虾笼是用竹篾编制而成，竖筒长 25 厘米，横筒长 15 厘米，内径 10 厘米，入口倒须长 5 厘米，孔径 2 厘米，计有 3 个入口，竖筒两头的笼口是固定编制于筒上的，中间用套接方法编成一个整体，以便在笼中安装罗氏沼虾爱吃的饵料，横筒与竖筒的一半固定为一个整体，开口于竖筒内部，另一头由一个圆形篾盖盖住。篾盖可以随时揭开，是用一支竹签别住的，这是罗氏沼虾进入笼子后的处所，虾笼用一段红色的细塑料绳扣住两脚，然后拴到一根长长的绳上。用较粗的线绳作为缆绳，每隔 2 米扣一只虾笼，以 10～15 只虾笼为一组。一个人一般可以操作 10～20 组虾笼。捕虾时间不受天气限制，白天黑夜均可作业。通常在夜间和正常天气下收获多，所以一般是在傍晚下笼，第二天黎明收笼取虾。

如果池塘较大的话，可以采取水上捕虾方法，用小船装载着虾笼，一人摇船，一人施放虾笼，一只船上多者可携带近千只虾笼，并且可以日夜连续作业，并不断地调换新的放笼地点。

4. 干塘捕虾

当水温降到14℃以下时，罗氏沼虾基本停止摄食和生长，经过上述方法捕捞后，剩余的罗氏沼虾可放干池水抓捕，将成虾捕尽。

第十节 剖析罗氏沼虾养殖的误区

经过技术人员的住处反馈，以及生产实践的经验表明，在罗氏沼虾养殖过程中存在不少误区，包括以下几点。

一、水质管理的误区

1. 没有培好肥就直接下苗

清塘后，为了赶时间或者是其他的技术原因，池塘的水质还没有培肥好，就急忙投放罗氏沼虾虾苗。由于池塘水体偏瘦，可供幼虾摄食的生物饵料缺乏，影响幼虾的生长和成活率。

2. 换水不讲究科学性

在罗氏沼虾养殖的中后期，由于水温较高，加上长期大量投喂饵料的原因，导致池塘的水质过肥，因此此时换水就显得非常重要了，而一些虾农在换水时并不讲究科学换水，常常是一次性大量换水，这种情况特别是发生换水方便的地方，他们一味地认为只要大量换水，就可以保证水质良好了，结果引起池塘的水温波动太大，造成虾产生应激性反应，从而影响虾的摄食和生长。

3. 盲目加深水位

罗氏沼虾是甲壳动物，它需要不断地蜕壳才能更好更快地生长，而蜕壳时池塘的水位是不宜太深的，否则过深的池水会产生较高的水压，可能对刚蜕壳的罗氏沼虾造成伤害，另外，如果水体过深，池底不能照射到阳光，浮游植物数量小，光合作用产生的氧量少，加上池底有机物的分解，使下层水中溶氧越来越小，加重底质的恶化；但是水体也不宜过浅，虽然浅水对提高水温有好处，但是过浅的水体会造成水温波动较大，溶氧量减小，易影响虾的生长，因此养殖的最适水深为 1.2～1.6 米。

4. 选用增氧机不科学

作为高产高效的罗氏沼虾养殖来说，必须为池塘增氧，目前生产中使用的增氧机有两种，一种是"水车式"增氧机，其适用于水深为 1.5～2.0 米的浅水池塘，另一种是"叶轮式"增氧机，适用于水深 2.0～3.0 米的深水池塘。因此对养殖罗氏沼虾来说，选择的增氧机也有讲究的，根据罗氏沼虾的养殖特点以及池塘的水深来看，适宜选择水车式增氧机，而许多虾农选用"叶轮式"增氧机，由于虾池水体较浅，很容易将底泥搅起，形成泥浆，对养虾不利。

二、苗种投放上的误区

1. 苗种来源不当

有一些养殖户为了方便，或者是住处不到位，购买的苗种往往是经过几道贩子手上过来的，这种苗种的质量以及淡化程度都不知道，养殖的结果可想而知。

2. 淡化不彻底

有一些苗种生产场，在提供苗种时，为了赶时间或者是为了拉客户，有时将还没有达到淡化标准的苗种出售给养殖户，造成苗种下塘后大量死亡。

3. 没有放养无毒苗

事实证明，无病毒的虾苗在生长速度上、防病抗病的能力上确实有优势，因此我们应尽可能地购买并放养这些苗种，而从现在的育苗技术来看，苗种供应场家只要有心、有责任，加强对亲虾的选育和培育，应该是可以做到的。

4. 放养的密度太高

有一些虾农认为增加池塘的水深就可以提高放养密度，因此，在一些池塘里，将水深加到 2 米左右，然后每亩放养量竟然超过 10 万苗，这种高密度不利于虾的生长。罗氏沼虾对养殖水体溶氧要求较高，在低溶氧环境下的适应能力差；另外，罗氏沼虾有附着塘底生活习性，虾常为占据地盘而相互残杀。

三、混养上的误区

有许多虾农在养殖虾塘混养鲢、鳙鱼种，还混养鲫鱼。混养鲢、鳙鱼种对抑制水体的肥度能起到很好的作用，而混养鲫鱼虽然能够摄食腐屑碎片和浮游生物，但大部分配合饲料被鲫鱼吞食，导致虾料的浪费和饵料系料的提高，想想看，鲫鱼的价格才有多高？罗氏沼虾的售价又如何？这种没有科学的混养往往会造成养殖效益上的降低。

四、饵料投喂的误区

养殖罗氏沼虾要想长得快，长得大，就要不断地投喂给它们适合的饵料，而一些养殖户在饵料的投喂上也存在一些误区，从而导致养殖效益上的降低。

1. 早晚投饵位置过于固定，几乎一成不变

有的养殖户在投饵时片面强调定点，定点投饵本身没有错，但是不能太过机械了，应根据罗氏沼虾的实际情况而采取相对固定的方法。这是因为罗氏沼虾是附着塘底生长的，有占据地盘和相互残杀的习性，而且有害怕强光趋弱光的特点。所以罗氏沼虾一般是均匀分布在塘底的，白天在池中间较为密集，四周较少，晚上则相

反。因此在投饵时，在相对固定的位置上，白天往深水区多投些，晚上往浅水多投些，投饵面要略为宽一些，饵料要撒得均匀一些。

2. 过量饲用动物性饵料

在投喂饵料时，应注意动物性饵料和植物性饵料的比例，不可一味地强调多喂动物性饵料，因为过多投喂动物性饵料如福寿螺、沙蚕等时不易被摄食完全，从而大量沉积在水底，当它们死亡时极易败坏水质。有时动物性饵料过多了，即使大部分饵料被虾摄食了，但罗氏沼虾的消化率也可能降低，造成大部分以排泄物的形式排放到水中，特别是高温季节，吃剩的残饵和过多的排泄物是水质恶化的一个重要因素。另外，大量投喂动物性饵料还常常引起虾的早熟现象，过早地结束生长期而进入繁殖期，从而严重影响产量和饵料系数。因而在精养池中应以优质的配合饲料为主，其他动物性饵料宜少不宜多。

3. 转料时间过短

罗氏沼虾在不同的生长阶段有不同的营养需求，对饵料的营养成分以及适口性都有不同的要求，如从幼虾到中虾，从中虾到成虾都需要用不同水平的饲料，尤其是粒径大小有明显的差别。在生产实践中，我们发现有许多虾农为了减少麻烦，缩短了转料时间，投喂过程中，发现前面的饲料没有了，加上罗氏沼虾也长大了，需要换新的饵料了，于是就突然转料，这种饵料供应的突然变动会影响罗氏沼虾的摄食量和消化吸收。在生产上，我们要求养殖户在投喂新的饵料时，需要一个转料过程，一般转料时间要求在2～3天为宜。在转料期间，原用饲料和新用饲料混合投喂，并逐渐减少原用饲料量和增加新用饲料量，直至过渡到仅用新饲料为止。

五、捕捞不及时用网不合理

现在各地养殖罗氏沼虾的养殖户大多能采取"一次放足，捕大留小，分批上市"的放养模式，但是还有许多虾农因种种原因，对已经能适合上市的大虾不能及时捕捞上市，而不能上市的大虾往往有更强的活力，它们有独占地盘、弱肉强食的习性，会对小虾会产生一定的欺负，从而造成小虾一方面长不大，另一方面可能会死亡。因此对适宜上市的虾应早上市，大的罗氏沼虾经捕疏后，可以加速余下部分小虾的生长。在捕大留小的养殖模式下应增大拉网网目，要求网目为3.0～3.2厘米，这样既可确保捕大留小，又不易损伤小虾，这对提高虾的产量和降低饵料系数都有很好的作用。

第三章　稻田生态养殖罗氏沼虾

第一节　稻田养殖罗氏沼虾的理论基础

经过多地的生产实践表明，罗氏沼虾在稻田中进行生态养殖比单一种植水稻提高利润将近 1 倍，所产稻谷为绿色食品，而且具有投资少、风险小、易养殖、成活率高、能充分合理利用资源的特点，是一种值得大力推广的养殖模式，也是农业增产、农民增收的一个好项目。

一、稻田生态养殖罗氏沼虾的原理

稻田养殖罗氏沼虾是一种共生原理，就是以废补缺、互利助生、化害为利。稻田是一个人为控制的生态系统，稻田养了罗氏沼虾，促进稻田生态系中能量和物质的良性循环，使其生态系统又有了新的变化。稻田中的杂草、虫子、稻脚叶、底栖生物和浮游生物对水稻来说不但是废物，而且都是争肥的。如果在稻田里放养罗氏沼虾，罗氏沼虾不仅可以利用这些生物作为饵料，促进罗氏沼虾的生长，消除了争肥对象，而且罗氏沼虾的粪便还为水稻提供了优质肥料。另外，罗氏沼虾在田间栖息，游动觅食，疏松了土壤，改善了土壤通气条件，又加速肥料的分解，促进了稻谷生长，从而达到虾稻双丰收的目的。总之，稻田养殖罗氏沼虾是综合利用水稻、罗氏沼虾的生态特点达到稻虾共生、相互利用，充分利用稻田资源，提高稻田生态效益和经济效益的系统工程，从而使稻虾双丰收目的的一种高效立体生态农业。

二、稻虾连作的特点

1. 立体种养殖的模范

在同一块稻田中既能种稻也能养虾，把植物和动物、种植业和养殖业有机结合起来，更好地保持农田生态系统物质和能量的良性循环，实现稻虾双丰收。罗氏沼虾的粪便，可以使土壤增肥、减少化肥的施用。免耕稻田养虾技术基本不用药，每亩化肥施用量仅为为正常种植水稻的 1/5 左右。

2. 环境特殊

稻田属于浅水环境，浅水期仅 7 厘米水，深水时也不过 20 厘米左右，因而水温变化较大，因此为了保持水温的相对稳定，虾沟、虾溜等田间设施是必需的工程之一。另一个特点就是水中溶解氧充足，经常保持在 4.5～5.5 毫克/升，且水经常流动交换，放养密度又低，所以虾病较少。

3. 养虾新思路

稻田养殖罗氏沼虾的模式为淡水养殖增加了新的水域，它不需要占用现有养殖水面就可以充分利用稻田的空间和时间来达到增产增效的目的，开辟了养虾生产的新途径和新的养殖水域。

4. 保护生态环境，有利改良农村环境卫生

在稻田养殖罗氏沼虾的生产实践中发现，采用低割水稻头的技术，以及罗氏沼虾的活动，基本上能控制田间杂草的生长，可以不使用化学除草剂；利用稻田养殖罗氏沼虾后，利用罗氏沼虾喜食并消灭绝大部分的蚊子幼虫、有害浮游生物、水稻害虫的优点，基本上不用或少用农药，而且使用的农药也是低毒的，否则罗氏沼虾也无法生活，因此稻田里及附近的摇蚊幼虫密度明显地降低，最多可下降 50% 左右，成蚊密度也会下降 15% 左右，有利于提高人们的健康水平。

5. 增加收入

由稻田养殖罗氏沼虾的实验结果表明，利用稻田养殖罗氏沼虾后，改善了稻田的生态条件，促进水稻有效穗和结实率的提高，稻田的平均产量不但没有下降，还会提高 10%～20%，同时每亩地还能收获相当数量的成虾，相对地降低了农业成本，增加了农民的实际收入。

三、养虾稻田的生态条件

养虾稻田为了夺取高产，获得稻虾双丰收，需要一定的生态条件做保证，根据稻田养虾的原理，我们认为养虾的稻田应具备以下几条生态条件。

1. 水温要适宜

稻田水浅，一般水温受气温影响甚大，有昼夜和季节变化，因此稻田里的水温比池塘的水温更易受环境的影响，另一方面罗氏沼虾是变温动物，它的新陈代谢强度直接受到水温的影响，所以稻田水温将直接影响稻禾的生长和罗氏沼虾的生长。为了获取稻虾双丰收，必须为它们提供合适的水温条件。

2. 光照要充足

光照不但是水稻和稻田中一些植物进行光合作用的能量来源，也是罗氏沼虾生长发育所必需的，因此可以这样说，光照条件直接影响稻谷产量和罗氏沼虾的产量。每年的 6～7 月份，秧苗很小，因此阳光可直接照射到田面上，促使稻田水温升高，浮游生物迅速繁殖，为罗氏沼虾生长提供了饵料。水稻生长至中后期时，也是温度最高的季节，此时稻禾茂密，正好可以用来为罗氏沼虾遮阳、蜕壳、躲藏，是有利于罗氏沼虾的生长发育的。

3. 水源要充足

水稻在生长期间是离不开水的，而罗氏沼虾的生长更是离不开水，为了保持新鲜的水质，水源的供应一定要及时充足，一是将养虾稻田选择在不能断流的小河小溪旁；二是可以在稻田旁边人工挖掘机井，可随时充水；三是将稻田选择在池塘边，利用池塘水来保证水源。

4. 溶氧要充分

稻田水中溶解氧的来源主要是大气中的氧气溶入和水稻及一些浮游植物的光合作用，因而氧气是非常充分的。科研表明，水体中的溶氧越高，罗氏沼虾摄食量就越多，生长也越快。因此长时间地维持稻田养虾水体较高的溶氧量，可以增加罗氏沼虾的产量。

要使稻田养殖罗氏沼虾的稻田能长时间保持较高的溶氧量，一种方法是适当加大养虾水体，主要技术措施是通过挖虾沟、虾溜和环沟来实现；二是尽可能地创造条件，保持微流水环境；三是经常换冲水；四是及时清除田中罗氏沼虾未吃完的剩饵和其他生物尸体等有机物质，减少它们因腐败而导致水质的恶化。

5. 天然饵料要丰富

一般稻田由于水浅，温度高，光照充足，溶氧量高，适宜于水生植物生长，植物的有机碎屑又为底栖生物、水生昆虫和昆虫幼虫繁殖生长创造了条件，从而为稻田中的罗氏沼虾提供较为丰富的天然饵料，有利于罗氏沼虾的生长。

第二节　田间工程建设

对养虾的稻田进行适当的田间工程建设，是最主要的一项工程了，也是直接决定罗氏沼虾养殖产量和效益的一项工程，千万不能马虎。

一、稻田的选择

养虾稻田要有一定的环境条件才行，不是所有的稻田都能养虾，一般的环境条件主要有以下几种。

水源：选择养殖罗氏沼虾的稻田，应选择靠上下水渠近，水源充足，水质良好，排灌畅通，能做到雨季水多不漫田、旱季水少不干涸，无污染水、无有毒污水、无低温冷浸水流入，周围无污染源，保水能力较强的田块，农田水利工程设施要配套，有一定的灌排条件，低洼稻田更佳。

土质：土质要肥沃，底质为泥沙底质。而矿质土壤、渗水漏水、土质瘠薄的稻田均不宜养虾。

面积：养虾稻田基本与稻田养蟹面积相似，面积不宜太大，一般要求面积以 2～5 亩为宜，最大不超过10 亩。

其他条件：稻田周围没有高大树木，桥涵闸站配套，通水、通电、通路，交通一定要方便，这样对于罗氏沼虾苗种的放养、饲料的保证和商品虾的输出都有好处。

二、开挖虾沟

养虾稻田的田埂要相对较高，正常情况下要能保证关住80厘米的水深。除了田埂要求外，还必须适当开挖虾沟，这些虾沟包括环沟、田间沟和暂养小池，这是科学养殖罗氏沼虾的重要技术措施。稻田因水位较浅，夏季高温对罗氏沼虾的生长影响较大，因此必须在稻田四周沿田埂内侧田间开挖环形沟，面积较大的稻田，还应开挖"十"字形、"田"字形、"口"字形、"王"字形、"川"字形或"井"字形的田间沟。田间沟与环沟和稻田相连，环形沟距田间1.5米左右，要求沟宽1~1.5米、深0.8~1米；田间沟宽0.8米，深0.5米，坡比1：2.5。暂养小池用于稻田施肥、施药时白虾暂养和收获商品虾，规格为3米×2米×1米，位于稻田排水口前或稻田中央。虾沟既可防止水田干涸和作为烤稻田、施追肥、喷农药时罗氏沼虾的退避处，也是夏季高温时罗氏沼虾栖息隐蔽遮阳的场所，环沟、田间沟和暂养小池的总面积占稻田面积的12%左右。

三、加高加固田埂

为了保证养虾稻田达到一定的水位，增加罗氏沼虾活动的立体空间，须加高、加宽、加固田埂，平整田面，可将开挖环形沟的泥土垒在田埂上并夯实，确保田埂高达1.0~1.2米，基部加宽1.2~1.5米，田埂加固时每加一层泥土都要打紧夯实，要求做到不裂、不漏、不垮，在满水时不能崩塌跑虾。

四、遮阳棚

在离田埂 1 米处，每隔 3 米打一处 1.5 米高的桩，用毛竹架设环边瓜葫架，在田埂边种上瓜、豆、葫芦，等到藤蔓上架后，在炎夏可以起到遮阳避暑的作用。

五、进排水系统

进水管采用直径 20 厘米的 PVC 塑料管，两端管口均用筛绢包扎，排水口用筛绢圈围防逃，筛绢下端埋入田底 15 厘米，上端高出水面 50 厘米，两边嵌入田埂 10 厘米。

第三节　水稻栽培

在稻虾连作共生种养中，水稻的适宜栽种方式有两种，一种是手工栽插，另一种就是采用抛秧技术。综合多年的经验和实际用工以及栽秧时对罗氏沼虾的影响因素，我们建议采用免耕抛秧技术是比较适合的。

稻田免耕抛秧技术是指不改变稻田的形状，在抛秧前未经任何翻耕犁耙的稻田，待水层自然落干或排浅水后，将钵体软盘或纸筒秧培育出的带土块秧苗抛栽到大田中的一项新的水稻耕作栽培技术，这是免耕抛秧的普遍形式，也是非常适用于稻虾连作共生的模式，是将稻田养虾与水稻免耕抛秧技术结合起来的一种稻田生态种养技术。

水稻免耕抛秧在稻虾连作共生的应用结果表明，该项技术具有省工节本、养活栽秧对罗氏沼虾的影响和耕作对环沟的淤积影响、提高劳动生产率、缓和季节矛盾、保护土壤和增加经济效益等优点，深受农民欢迎，因而应用范围和面积不断扩大。

一、水稻品种选择

由于免耕抛秧具有秧苗扎根较慢、根系分布较浅、分蘖发生稍迟、分蘖速度略慢、分蘖数量较少等生长特点，加上养虾稻田一般只种一季稻，选择适宜的高产优质杂交稻品种是非常重要的。水稻品种要选择分蘖及抗倒伏能力较强、叶片开张角度小，根系发达、茎秆粗壮、抗病虫害、抗倒伏且耐肥性强的紧穗型且穗型偏大的高产优质杂交稻组合品种，生育期一般以 140 天以上的品种为宜，目前常用的品种有Ⅱ优 63、D 优 527、两优培九、川香优 2 号等，另外汕优系列、协优系列等也可选择。

二、育苗前的准备工作

免耕抛秧育苗方法与常规耕作抛秧育苗大同小异，但其对秧苗素质的要求更高。

1. 苗床地的选择

免耕抛秧育苗床地比一般育苗要求要略高一些，在苗床地的选择上要求选择没有被污染且无盐碱、无杂草的地方，由于水稻的苗期生长离不开水，因此要求苗床地的进排水良好且土壤肥沃，在地势上要平坦高燥、背风向阳、四周要有防风设施的环境条件。

2. 育苗面积及材料

根据以后需要抛秧的稻田面积来计算育苗的面积，一般按 1∶80～1∶100 的比例进行，也就是说育 1 亩地的苗可以满足 80～100 亩的稻田栽秧需求。

育苗用的材料有塑料棚布、架棚木杆、竹皮子、每公顷 400～500 个的秧盘（钵盘），另外还需要浸种灵、食盐等。

3. 苗床土的配制

苗床土的配制原则是要求床土疏松、肥沃，营养丰富、养分齐全，手握时有团粒感，无草籽和石块，更重要的是要求配制好的土壤渗透性良好、保水保肥能力强、偏酸性等。

三、种子处理

1. 晒种

选择晴天，在干燥平坦地上平铺席子或在水泥场摊开，将种子放在上面，厚度一寸，晒 2～3 天，为了提高种子活性，这里有个小技巧，就是白天晒种，晚上再将种子装起来，另外在在晒的时候要经常翻动种子。

2. 选种

这是保证种子纯度的最后一关，主要是去除稻种中的瘪粒和秕谷，种植户自己可以做好处理工作。先将种子下水浸 6 小时，多搓洗几遍，捞除瘪粒；去除秕谷的方法也很简单，就是用盐水最好来选种。方法是先将盐水配制 1：13 比重待用，根据计算，一般可用约 501 千克水加 12 千克盐就可以制备出来，用鲜鸡蛋进行盐度测试，鸡蛋在盐水液中露出水面 5 分硬币大小就可以了。把种子放进盐水液中，就可以去掉秕谷，捞出稻谷洗 2～3 遍，就可以了。

3. 浸种消毒

浸种的目的是使种子充分吸水有利发芽；消毒的目的是通过对种子发芽前的消毒，来防治恶苗病的发生概率。目前在农业生产上用于稻种消毒的药剂很多，平时使用较为普遍的就是恶苗净（又称多效灵）。这种药物对预防发芽后的秧苗恶苗病效果极好，使用方法是也很简单，取本品一袋（每袋 100 克），加水 50 千克，搅拌均匀，然后浸泡稻种 40 千克，在常温下可以浸种 5～7 天就可以了（气温高浸短些，气温低浸长些），浸后不用清水洗可直接催芽播种。

4. 催芽

催芽是稻虾连作共作的一个重要环节，就是通过一定的技术手段，人为地催促稻种发芽，这是确保稻谷发芽的关键步骤之一。生产实践表明，在28～32℃温度条件下进行催芽时，能确保发出来的苗芽整齐一致。一些大型的种养户现在都有了催芽器，这时用催芽器进行催芽效果最好。对于一般的种养户来说，没有催芽器，也可以通过一些技术手段来达到催芽的目的，常见的可在室内地上、火炕上或育苗大棚内催芽，效果也不错，经济实用。

这里以一般的种养户来说明催芽的具体操作方法：第一步是先把浸种好的种子捞出，自然沥干；第二步是把种子放到40～50℃的温水中预热，待种子达到温热（约28℃）时，立即捞出；第三步是把预热处理好的种子装到袋子中（最好是麻袋），放置到室内垫好的地上（地上垫30厘米稻草，铺上席子）；或者火炕上，也要垫好，种子袋上盖上塑料布或麻袋；第四步是加强观察，在种子袋内插上温度计，随时看温度，确保温度维持在28～32℃，同时保持种子的湿度；第五步是每隔6小时左右将装种子的袋子上下翻倒一次，使种子温度与湿度尽量上下、左右保持一致；第六步是晾种，这是因为种子在发芽的过程中自己产生大量的二氧化碳，使口袋内部的温度自然升高，稍不注意就会因高温烤坏种子，所以要特别注意，一般2天时间就能发芽，当破胸露白率在

80％以上时就开始降温，适当晾一晾，芽长1毫米左右就可以用来播种。

四、播种

1. 架棚、做苗床

一般用于水稻育苗棚的规格是宽5～6米，长20米，每棚可育秧苗100平方米左右。为了更好地吸收太阳的光照，促进秧苗的生长发育，架设大棚时以南北向为好。

可以在棚内做两个大的苗床，中间为步道30厘米宽，方便人进去操作和查看苗情，四周为排水沟，便于及时排除过多的雨水，防止发生涝渍。每平方米施腐熟农肥10～15千克，浅翻8～10厘米，然后搂平，浇透底水。

2. 播种时期的确定

稻种播种时期的确定，应根据当地当年的气温和品种熟期确定适宜的播种日期。这是因为气温决定了稻谷的发芽，而水稻发芽最低温为10～12℃，因此只有当气温稳定通过5～6℃时方可播种，时间一般在4月上、中旬。

3. 播种量的确定

播种量多少直接影响到秧苗素质，一般来说，稀播能促进培育壮秧。一般来说，旱育苗每平方米播量干籽

150 克（3 两），芽籽 200 克（4 两），机械插秧盘育苗的每盘 100 克（2 两）芽籽。钵盘育的每盘 50 克（1 两）芽籽。超稀植栽培每盘播 35～40 克（0.7～0.8 两）催芽种子。总之播种量一定严格掌握，不能过大，对育壮苗和防止立枯病极为有利。

4. 播种方法

稻谷播种的方法通常有三种

隔离层旱育苗播种：在浇透水置床上铺打孔（孔距 4 厘米，孔径 4 毫米）塑料地膜，接着铺 2.5～3 厘米厚的营养土，每平方米浇 1500 倍敌克松液，5～6 千克，盐碱地区可浇少量酸水（水的 pH4），然后用手工播种，播种要均匀，播后轻轻压一下，使种子和床土紧贴在一起，再均匀覆土 1 厘米，然后用苗床除草剂封闭。播后在上边再平铺地膜，以保持水分和温度，以利于整齐出苗。

秧盘育苗播种：秧盘（长 60 厘米，宽 30 厘米）育苗每盘装营养土 3 千克，浇水 0.75～1 千克播种后每盘覆土 1 千克，置床要平，摆盘时要盘盘挨紧，然后用苗床除草剂封闭。上面平铺地膜。

采用孔径较大的钵盘育苗播种：钵盘规格目前有两种规格，一是每盘有 561 个孔的，另一种是每盘有 434 个孔的。目前常规耕作抛秧育苗所用的塑料软盘或纸筒的孔径都较小，育出的秧苗带土少，抛到免耕大田中秧苗扎根迟、立苗慢、分蘖迟且少，不利于秧苗的前期生长和罗氏沼虾的及时进入大田生长，因此我们在进行稻虾连作共生精准种养时，宜改用孔径较大的钵体育苗，可提高秧苗素质，有利于促进秧苗的扎根、立苗及叶面积发展、干物质积累、有效穗数增多、粒数增加及产量的提高。由于后一种育苗钵盘的规格能育大苗，因此提倡用 434 个孔的钵盘，每亩大田需用塑盘 42～44 个；育苗纸筒的孔径为 2.5 厘米，每亩大田需用纸筒 4 册（每册 4400 个孔）。播种的方法是先将营养床土装入钵盘，浇透底水，用小型播种器播种，每孔播 2～3 粒（也可用定量精量播种器），播后覆土刮平。

五、秧田管理

俗话说"秧好一半稻"。育秧的管理技巧是：要稀播，前期干、中期湿、后期上水，培育带蘖秧苗，秧龄 30～40 天，可根据品种生育期长短，秧苗长势而定。因此秧苗管理要求管的细致，一般分四个阶段进行。

第一阶段是从播种至出苗时期。这段时间主要是做好大棚内的密封保温、保湿工作，保证出苗所需的水分和温度，要求大棚内的温度控制在 30℃左右，如果温度超过 35℃时就要及时打开大棚的塑料薄膜，达到通风降温的目的。这一阶段的水分控制是重点，如果发现苗床缺水时就要及时补水，确保棚内的湿度达到要求。在这一阶段，如果发现苗床的底水未浇透或苗床有渗水现象时，就会经常出现出苗前芽有干枯现象。一旦发现苗床里的秧苗出齐后就要立即撤去地膜，以免发生烧苗现象。

　　第二阶段是从出苗开始到出现 1.5 叶期。在这个阶段，秧苗对低温的抵抗能力是比较强的，管理的重心是注意床土不能过湿，因为过湿的土壤会影响秧苗根的生长，因此在管理中要尽量少浇水；另外就是温度一定要控制好，适宜控制在 20～25℃，在高温晴天时要及时打开大棚的塑料薄膜，通风降温。

　　当秧苗长到一叶一心时，要注意防治立枯病，可用立枯一次净或特效抗枯灵药剂，使用方法为每袋 40 克兑水 100～120 千克，浇施 40 平方米秧苗面积。如果播种后未进行药剂封闭除草，一叶一心期是使用敌稗草的最佳时期，用 20％敌稗乳油兑水 40 倍于晴天无露水时喷雾，用药量每 667 平方米 1 千克，施药后棚内温度控制在 25℃左右，半天内不要浇水，以提高药效。另外，这一阶段的管理工作还要防止苗枯现象或烧苗现象的发生。

　　第三阶段是从 1.5 叶到 3 叶期。这一阶段是秧苗的离乳期前后，也是立枯病和青枯病的易发生期，更是培育壮秧的关键时期，所以这一时期的管理工作千万不可放松。由于这一阶段秧苗的特点是对水分最不敏感，但是对低温抗性强。因此我们在管理时，都是将床土水分控制在一般旱田状态，平时保持床面干燥就可以了，只有当床土有干裂现象时才能浇水，这样做的目的是促进根系发达，生长健壮。棚内的温度可控制在 20～25℃，在遇到高温晴天时，要及时通风炼苗，防止秧苗徒长。

　　在这一阶段有一个最重要的管理工作不要忘记，就

是要追一次离乳肥，每平方米苗床追施硫酸铵 30 克兑水
100 倍喷浇，施后用清水冲洗一次，以免化肥烧叶。

　　第四个阶段是从 3 叶期开始直到插秧或抛秧。水稻
采用免耕抛秧栽培时，要求培育带蘖壮秧，秧龄要短，
适宜的抛植叶龄为 3～4 片叶，一般不要超过 4.5 片叶。
抛后大部分秧苗倒卧在田中，适当的小苗抛植，有利于
秧苗早扎根，较快恢复直生状态，促进早分蘖，延长有
效分蘖时间，增加有效穗数。这一时期的重点是做好水
分管理工作，因为这一时期不仅秧苗本身的生长发育需
要大量水分，而且随着气温的升高，蒸发量也大，培育
床土也容易干燥，因此浇水要及时、充分，否则秧苗会
干枯甚至死亡。由于临近插秧期，这时外部气温已经很
高，基本上达到秧苗正常生长发育所需的温度条件，所
以大棚内的温度宜控制在 25℃以内，在中午时在全部掀
开大棚的塑料薄膜，保持大通风，棚裙白天可以放下来，
晚上外部在 10℃以上时可不盖棚裙。为了保证秧苗进入
大田后的快速返青和生长，一定要在插秧前 3～4 天追一
次"送嫁肥"，每平方米苗床施硫铵 50～60 克，兑水 100
倍，然后用清水洗一次。还有一点需要注意的是为了预
防潜叶蝇在插秧前用 40％乐果乳液兑水 800 倍在无露水
时进行喷雾。插前用人工拔一遍大草。

六、培育矮壮秧苗

　　在进行稻虾连作共生精准种养时，为了兼顾罗氏沼
虾的生长发育和在稻田活动时对空间和光照的要求，我

们在培育秧苗时，都是讲究控制秧苗高度。为了达到秧苗矮壮、增加分蘖和根系发达的目的，可适当应用化学调控的措施，如使用多效唑、烯效唑、ABT 生根粉、壮秧剂等。目前育秧最常用的化学调控剂是多效唑，使用方法为：①拌种。按每千克干谷种用多效唑 2 克的比例计算多效唑用量，加入适量水将多效唑调成糊状，然后将经过处理、催芽破胸露白的种子放入拌匀，稍干后即可播种；②浸种。先浸种消毒，然后按每千克水加入多效唑 0.1 克的比例配制成多效唑溶液，将种子放入该药液中浸 10～12 小时后催芽。这种方式对稻虾连作共生精准种养的育秧比较适宜；③喷施。种子未经多效唑处理的，应在秧苗的一叶一心期用 0.02％～0.03％的多效唑药液喷施。

七、抛秧移植

1. 施足基肥

每亩施用经充分腐熟的农家肥 200～300 千克，尿素 10～15 千克，均匀撒在田面并用机器翻耕耙匀。

施用有机肥料，可以改良土壤，培肥地力，因为有机肥料的主要成分是有机质，秸秆含有机质达 50％以上，猪、马、牛、羊、禽类粪便等有机质含量 30％～70％。有机质是农作物养分的主要资源，还有改善土壤的物理性质和化学性质的功能。

2. 抛植期的确定

抛植期要根据当地温度和秧龄确定，免耕抛秧适宜的抛植叶龄为3～4片叶，各地要根据当地的实际情况选择适宜的抛植期，在适宜的温度范围内，提早抛植是取得免耕增产的主要措施之一。抛秧应选在晴天或阴天进行，避免在北风天或雨天中抛秧。抛秧时大田保持泥皮水。

3. 抛植密度

抛植密度要根据品种特性、秧苗秧质、土壤肥力、施肥水平、抛秧期及产量水平等因素综合确定。在正常情况下，免耕抛秧的抛植密度要比常耕抛秧的有所增加，一般增加10%左右，但是在稻虾连作共生精准种养时，为了给罗氏沼虾提供充足的生长活动空间，我们还是建议和常规抛秧的密度相当，每亩的抛植棵数，以1.8万～1.9万棵为宜。

八、人工移植

在稻虾连作共生精准种养时，重点提倡免耕抛秧，当然还可以实行人工秧苗移植，也就是常说的人工栽插。

1. 插秧时期确定

在进行稻虾连作共生精准种养时，人工插秧的时间还是有讲究的，建议在5月上旬插秧（5月10日左右），最迟一定要在 5 月底全部插完秧，不插 6 月秧。具体的插秧时间还受到下面几点因素影响：一是根据水稻的安全出穗期来确定插秧时间，水稻安全出穗期间的温度 25～30℃较为适宜，只有保证出穗有适合的有效积温，才能保证安全成熟，根据资料表明，江淮一带每年以 8 月上旬出穗为宜；二是根据插秧时的温度来决定插秧时间，一般情况下水稻生长最低温度 14℃，泥温 13.7℃，叶片生长温度约为 13℃；三是要根据主栽品种生育期及所需的积温量安排插秧期，要保证有足够的营养生长期，中期的生殖期和后期有一定灌浆结实期。

2. 人工栽插密度

插秧质量要求，垄正行直，浅播，不缺穴。合理的株行距不仅能使个体（单株）健壮生长，而且能促进群体最大发展，最终获得高产。可采取条栽与边行密植相结合，浅水栽插的方法，插秧密度与品种分蘖力强弱、地力、秧苗素质，以及水源等密切相关。分蘖力强的品种插秧时期早，土壤肥沃或施肥水平较高的稻田，秧苗健壮，移植密度为 30 厘米×35 厘米为宜，每穴 4～5 棵秧苗，确保罗氏沼虾生活环境通风透气性能好；对于肥力较低的稻田，移栽密度为 25 厘米×25 厘米；对于肥力中等的稻田，移栽密度以 30 厘米×30 厘米左右为宜。

3. 改革移栽方式

为了适应稻虾连作共生精准种养的需要，我们在插秧时，可以改革移栽方式，目前效果不错的主要有两种改良方式，一种是三角形种植，以 30 厘米×30 厘米～50 厘米×50 厘米的移栽密度、单窝 3 苗呈三角形栽培（苗距 6～10 厘米），做到稀中有密，密中有稀，促进分蘖，提高有效穗数；另一种是用正方形种植，也就是行距、窝距相等呈正方形栽培，这样做的目的是可以改善田间通风透光条件，促进单株生长，同时有利于罗氏沼虾的运动和蜕壳生长。

第四节　罗氏沼虾的放养及管理

一、放养前的准备工作

1. 及时清田灭害

放虾前 10～15 天，对耕整完的田块要及时清理环形虾沟和田间沟，除去浮土，修正垮塌的沟壁，每亩稻田环形虾沟和田间沟用生石灰 20～50 千克化乳泼洒，进行彻底清沟消毒，或选用鱼藤酮、茶粕、漂白粉等药物杀灭蛙卵、鳝、鳅及其他水生敌害、寄生虫和致病菌等。

2. 培育基础饵料

为了保证罗氏沼虾有充足的天然活饵供取食，可在放种苗前一个星期，往田间虾沟中注水 20～40 厘米，然后选择晴天上午施有机肥，常用的有发酵后的干鸡粪、猪粪来培养田中的饵料生物，每亩施农家肥 200～300 千克，尿素 3 千克，过磷酸钙 5 千克，一次施足，并及时调节水质，确保养虾水质保持肥、活、嫩、爽、清的要求，以培育田中的生物饵料。

二、罗氏沼虾苗种放养

1. 虾苗需要经过淡化后方可进入稻田

虾苗必须经过苗场严格淡化处理好的虾苗，目前人工孵化罗氏沼虾苗种大多数是工厂化生产的，一般孵化苗海水比重为 1.015～1.020，要移到稻田的淡水环境中养殖首先要淡化，将养殖虾苗淡化到 1.002～1.003 时才能移入稻田中养殖。

2. 苗种质量

要求虾苗的大小基本一致，体长为 0.7～0.8 厘米，不能有个体悬殊，体质要健壮，体表黄褐清洁整齐，弹跳有力，在水中逆水游动时的速度很快而且反应敏捷。供苗时池内与外界水温相似、温差不超过 2～3℃。

3. 放养规格

罗氏沼虾体长在 0.8 厘米以上即可放苗，但是如果放养的苗种个体较小，虾苗成活率较低，一般只有 25% 左右，如果放养 2 厘米的大规格苗种，成活率可提高到 70%～85%，在养殖生产中以放大苗为好。但是苗种规格越大，养殖它的成本也就越高，因此我们建议在稻田养殖罗氏沼虾时，放养体长 1.2～1.5 厘米的苗为好。

4. 放养时间

在稻田中养殖罗氏沼虾时，在放苗时间上力求一个"早"字，做到早准备、早放苗、早喂食、早生长、早销售。罗氏沼虾的适宜温度为 20～30℃，因此建议南方地区在 5 月下旬至 6 月初进行，北方地区一般在 6 月上旬进行。

5. 放养密度

在稻田中养殖罗氏沼虾，它的放养密度不可能与在池塘中精养的密度一样，建议每亩稻田放养 0.8 万～1.3 万尾为宜，最多不超过 2 万尾。

6. 放苗操作

一是在稻田放养虾苗，一般选择晴天早晨和傍晚或阴雨天进行，这时天气凉快，水温稳定，利于放养的罗氏沼虾适应新的环境。

二是虾苗种在放养时要试水，试水安全无毒后，才可投放幼虾。

三是在放养时，沿沟四周多点投放，使罗氏沼虾苗种在沟内均匀分布，避免因过分集中，引起缺氧窒息死虾。

四是罗氏沼虾苗种在放养时，要注意幼虾的质量，同一田块放养规格要尽可能整齐，放养时要一次放足。

五是放养虾种时用 3‰～4‰ 的食盐水浴洗 10 分钟消毒。放苗时要进行缓苗处理，让稻田里的水温与运输口袋里的水温相近，温差不超过 2～3℃。

六是适当搭配一定量的白鲢，以调节水质。每亩稻田可放 3～5 厘米白鲢夏花 300～400 尾或规格在 250 克的春片鱼种 50 尾。但千万不能投放吃食性鱼类。

七是如果购进的虾苗较小，在 0.5 厘米左右时，它是难以适应稻田环境的，最好在稻田的一角设置一个暂养田，让罗氏沼虾幼苗在暂养田里养到 2～3 厘米，然后再往稻田里投放。

三、饵料的投喂

在稻田养殖罗氏沼虾时，可以这样说，投饵是整个养殖生产的关键，投饵量和投饵次数的合理与否，将直接关系到罗氏沼虾的产量与经济效益。

1. 放苗前十天的投喂

虾苗放养后前 10 天，一般不投饵或少量投喂虾苗专用配合料。这是因为在投放苗种前已经对稻田施足基肥，培育出大批枝角类、桡足类等浮游生物以及底栖生物，为罗氏沼虾生长发育提供丰富的天然饲料。

2. 放苗十天后的饵料

在罗氏沼虾苗种放养 10 天以后，个体长以 1～1.5 厘米，就开始以投喂罗氏沼虾专用配合饲料为主，配合饲料要求蛋白含量 30% 以上，可搭配投喂少量洗净绞碎的福寿螺以及淡水杂鱼，以增强罗氏沼虾体质。

罗氏沼虾的饲料来源很广，为降低饲料成本，可以采用玉米、小麦、大麦粉、豆类蔬菜、米糠、麦麸、菜籽饼、花生饼、豆渣等植物性饲料，也可以用浮性干粉，掺入 30% 左右的淡虾皮末或杂鱼粉、螺蛳、小鱼、蚯蚓、动物内脏、小虾等。

3. 投饵次数与投饵量

在稻田养殖罗氏沼虾时，日投喂饲料量为虾体重的 4%～6%，如果水温达到 24～30℃时，罗氏沼虾摄食旺盛，日投饵料增加到 8%～10%。日投饵 3 次，早、中、晚 3 次投饵量比为 2∶3∶5。具体的投饵量还要根据残饵多少、水温高低、天气状况、罗氏沼虾摄食情况灵活掌握。平时要坚持勤检查虾的吃食情况，当天投喂的饵料在 1.5 小时内被吃完，说明投饵量不足，应适当增加投饵量，如在第二天还有剩余，则投饵量要适当减少。有条件的地方从外部废坑或稻田捞取浮游生物和野杂鱼做辅助饲料。

投饵总的原则应掌握"四多四少",即天气好多投,阴雨天少投或不投;水质好多投,水质不好少投;水温适宜时多投,高温时少投;晚上多投,白天少投。

四、水位控制和水质管理

水位调节,是稻田养虾过程中的重要一环,应以稻为主,罗氏沼虾放养初期,田水宜浅,虾沟的水位保持在 40 厘米左右,田水透明度保持在 15 厘米,随着罗氏沼虾的不断长大和水稻的抽穗、扬花、灌浆均需大量水,所以可将田水逐渐加深到 55 厘米左右,田沟中水透明度保持 35 厘米,水色以淡绿色为好。同时,还要注意观察田沟水质变化,一般每 3~5 天加注新水或换水一次;盛夏季节,每 1~2 天加注或更换一次新水,换水量为稻田的 1/2,特别在雨季里日交换水量要达 1/3 以上,以保持田水清新,保证有较高的溶氧。

水质清新和理化因子相对稳定是罗氏沼虾蜕皮生长的重要保证,罗氏沼虾与鱼类相比,水质条件要求高于鱼类,它们对水质污染反应较敏感。要求水质清新,pH 应控在 7~9,低于 7 以下时,不利于蜕皮,每隔 20~25 天施生石灰一次,每亩 7.5~10 千克。

在高温季节每 2~3 天换水一次。换水量为稻田的 1/2,特别在雨季里日交换水量要达 1/3 以上,严防缺氧。

五、科学施肥

养虾稻田一般以施基肥和腐熟的农家肥为主,基肥要足，促进水稻稳定生长，保持中期不脱力，后期不早衰，群体易控制，达到肥力持久长效的目的，每亩可施农家肥 300 千克，尿素 20 千克，过磷酸钙 20～25 千克，硫酸钾 5 千克，在插秧前一次施入耕作层内。放虾后一般不施追肥，以免降低田中水体溶解氧，影响罗氏沼虾的正常生长。如果发现脱肥，可少量追施尿素，每亩不超过 5 千克，或用复合肥 10 千克/亩，或用人、畜粪堆制的有机肥，追肥要对罗氏沼虾无不良影响，禁止使用对罗氏沼虾有害的化肥如氨水和碳酸氢铵等。

在水稻施化肥时，要讲究施肥的方法，可先排浅田水，让虾集中到环沟、田间沟和暂养小池之中，然后施肥，有助于肥料迅速沉积于底泥中并为田泥和禾苗吸收，随即加深田水到正常深度；也可采取少量多次、分片撒肥或根外施肥的方法。

六、科学施药

在稻田中养殖罗氏沼虾，水稻有可能生病、生虫、长杂草，罗氏沼虾也可能生病，因此施药是个问题，值得注意。

对于罗氏沼虾来说，坚持"预防为主，防重于治"的原则，做到无病先防，有病早治。严格把握渔药的安全使用浓度，整个养殖期间定期泼洒生石灰 5 次，每次用量 10～15 毫克/升，以杀灭病菌和驱除敌害。同时，还需及时补充钙质有利于虾蜕皮生长。

对于水稻来说，一方面稻田里养殖的罗氏沼虾对很多农药都很敏感，另一方面稻田养虾能有效地抑制杂草生长，罗氏沼虾也可以摄食一些昆虫及虫卵，能降低病虫害的影响，所以要尽量减少除草剂及农药的施用。总而言之，稻田养虾的原则是能不用药时坚决不用，需要用药时则选用高效低毒的农药用及生物制剂。如果发生草荒，可人工拔除。

如果确因稻田病害或虾病严重需要用药时，应掌握以下几个关键：①科学诊断，对症下药；②选择高效低毒低残留农药；③由于罗氏沼虾是甲壳类动物，也是无血动物，对含膦药物、菊酯类、拟菊酯类药物特别敏感，因此慎用敌百虫、甲胺膦等药物，禁用敌杀死等药，以免对罗氏沼虾造成危害；④喷洒农药时，先排浅田水，把虾诱赶到环沟、田间沟和暂养小池中，再打农药，待药性消失后，随即加深田水至正常深度；⑤施农药时要注意严格把握农药安全使用浓度，确保虾的安全，粉剂药物应在早晨露水未干时喷施，水剂和乳剂药应在下午喷洒，因稻叶下午干燥，能保证大部分药液吸附在水稻上，尽量不喷入水中；⑥降水速度要缓，等虾爬进虾沟后再施药；⑦可采取分片分批的用药方法，即先施稻田一半，过两天再施另一半，同时尽量要避免农药直接落入水中，保证罗氏沼虾的安全。

七、加强其他管理

其他的日常管理工作必须做到勤巡田、勤检查、勤研究、勤记录。坚持每天早、中、晚巡田，检查沟内水色变化和虾的活动、摄食、生长情况，决定投饵、施肥数量；检查堤埂是否塌漏，平水缺、进出水口筛网、拦虾设施是否牢固，清除过滤物，遇到有破损等情况，及时采取措施，防止逃虾和敌害进入；检查虾沟、虾溜，及时清理，防止堵塞；汛期防止漫田而发生逃虾的事故；检查水源水质情况，防止有害污水进入稻田；大批罗氏沼虾蜕壳时不要冲水，不要干扰，蜕壳后增喂优质动物性饲料。在日常管理时要及时分析存在的问题，做好田块档案记录。

八、收获

一般罗氏沼虾在稻田中养殖 80～100 天即可生长到 9～10 厘米，达商品规格，正值水稻成熟季节，这时在收割前将虾收捕完后可以开镰收割水稻。

（1）地笼张捕。这是在稻田养殖罗氏沼虾时的主要捕捞方法，在傍晚时将地笼下在稻田的养虾沟处，每亩稻田可下 25 张地笼，每天清晨起来笼收虾。每隔两天可将地笼换一个地方，继续捕捞，这样可有效提高捕捞效率。

（2）拉网捕虾。将稻田里的水慢慢排出，让罗氏沼虾缓慢进入环形沟，然后用小拉网在稻田沟内捕虾，一般拉网在傍晚进行。

（3）干田捉虾。在通过以上两种方法收捕后，剩下数量不多时，可放干稻田沟内的水后徒手捕捉罗氏沼虾。

九、需要特别注意的问题

（1）罗氏沼虾在稻田中养殖，最主要的技术问题是苗种淡化。因此购苗时一定要选购已淡化的苗种，以免影响虾的质量和成活率。

（2）在养虾的稻田里可以搭配一定量的白鲢，以调节水质。每亩可放 3～5 厘米的白鲢夏花 500 尾或规格在 250 克左右的春片鱼种 50 尾。

（3）因购进的虾苗一般在 0.6 厘米左右，难以适应大面积稻田环境，最好在暂养田里养到 2 厘米左右，然后再往稻田里投放。

（4）青蛙和野杂鱼会吞食幼虾，应当及时清除。上下水口要用筛网扎紧扎牢，严禁野杂鱼或鱼卵入田，以免小鱼争食、大鱼吃虾，影响单位面积产量。

第四章　罗氏沼虾立体生态养殖技术

　　罗氏沼虾的立体生态养殖，就是根据水生态学原理，在平衡的水域生态系统中，选择合适的养殖品种，科学地进行品种搭配，并保持一定的密度，充分发挥养殖空间的优势，实现立体化养殖，以达到各生物之间的相互适应、相互利用、彼此制约，各自进行正常生存和繁衍的生态防病目的，这种养殖方法目前应用比较广泛。

一、罗氏沼虾立体生态养殖

1. 罗氏沼虾立体生态养殖的发展

　　罗氏沼虾在养殖初期，由于当时处于低密度、粗放型的养殖，人们对立体养殖并不重视，当时的混养品种单一，养殖效益不尽人意。后来在养殖过程中，随着放苗数量越来越多、养殖产量的越来越高、罗氏沼虾的病害也越来越严重，尤其是罗氏沼虾暴发病的影响，罗氏沼虾养殖业遭受了沉重打击，许多养殖单位和养殖户收效甚微，甚至亏损，导致罗氏沼虾养殖出现了滑坡。为了有效地提高虾池的综合利用率，人们在养殖过程中慢慢地对罗氏沼虾立体养殖进行了多方面的探索和研究，养殖模式不断更新，混养品种逐步增多，生态调控措施逐渐完善，立体养殖成功率高、普及面广、经济效益明显提高。

2. 立体养殖的品种要选配好

在进行罗氏沼虾的立体生态养殖时，一定要根据各养殖品种的生态习性及生态学原理，选择搭配合适的养殖品种，形成种间相互利用、相互促进的生态环境，达到相对稳定的生态平衡，构成生物的多样化，对生态环境的保护和改善起着重要调节作用。

二、林、鸡、猪、罗氏沼虾的立体生态养殖效益

开发的立体生态养殖模式也比较多，本书就以林、鸡、猪、罗氏沼虾的立体综合养殖来说明。一般的做法是塘埂上栽树成林，在林中养土鸡，利用收集的鸡粪养猪，散落的鸡粪作为树木的肥料，再用猪粪来养虾，每年罗氏沼虾池塘清淤后的底泥再用来作为树木的肥料，充分展示"陆、海、空"全面发展、全面生财的优势，所得到的产品具有风味独特、品质好、味道鲜美的优点，颇受消费者的欢迎，所以价格好、效益高，它是传统养殖方法和现代养殖方法的结合，是生态农业的典范。

1. 经济效益

用鸡粪和鲜嫩的树叶喂猪，用畜禽粪便喂罗氏沼虾，在一定程度上节省了部分饲料，将畜禽的粪便和泥作为树木的有机肥施用后，效果显著。实行这种植养殖模式可增产 10% 以上，增效 15%～20%。在林中养殖土鸡时，由于树木吸收了畜禽粪便，为树木增加了养分，从而加快了树木的生长速度。在一般情况下，树木要 7～8 年才能成材，而养鸡的树林，树木在 5 年左右就能成材，另一方面，土鸡在林间活动时，它会啄食树木中的虫子，所以树木没有病虫害，品质好，销售价格也更高。

2. 生态效益

塘埂栽树，林中养猪、养鸡，水中养罗氏沼虾，形成林、鸡、猪、罗氏沼虾立体综合养殖模式，它的食物链循环途径是：用树叶、鸡粪喂猪，饲料喂鸡，猪粪喂罗氏沼虾，充分实现系统内部物质和能量的循环利用。这种养殖模式，不仅可以减少畜禽排泄物的排放和污染，而且还可以明显改善土壤结构，缓解土地板结，提高土壤肥力。林中养畜禽，改善了林内的小气候条件和林地状况，利于经济动物生长发育，反之，畜禽类粪便也可以作为林地的有机肥，促进树木的生长，以维护林内生态环境的平衡。

3. 社会效益

林、鸡、猪、罗氏沼虾的立体综合养殖，可以促进农村的种植和养殖的集约化发展，拓宽农民致富的渠道，优化农村劳动力结构，同时，也有助于改善林地的生态环境，从而为人们提供更加良好的生活环境。

三、场地选择

林、鸡、猪、罗氏沼虾的立体综合养殖，也需要一定的条件，并不是所有的地方都可以进行养殖，例如苹果、桃等的鲜果林地不宜养鸡、养猪。因为如果鸡、猪误食了腐烂的落果，很容易造成中毒。所以在场地的选择时，一定要精心选择。

一是要环境优良，远离城镇及工业区，土壤无农药、化肥和重金属等有害物污染。

二是对林地的选择，要有栽种好的树木，最好能有数亩的林地，或为闲置的自种经树木，或选择自然林地，同时要靠近水源，因为养殖罗氏沼虾和养鸡、养猪都离不开干净的水源。

四、基础设施

1. 虾池修建

罗氏沼虾池塘的大小应因地制宜，在选择好后要进行适当改造，确保池塘里的水质较肥，进排水方便，保水性能好，旱涝保收，光照时间长，池塘内还要具有丰富的饵料生物，进排水要有独立的渠道。

2. 搭建棚舍

棚舍既可以为鸡、猪提供遮风挡雨的地方，又能保证畜禽类在夏季可以降温避暑，同时要能接受一定的光照，因此棚舍一般选择在树冠遮阳不是太多，而且阳光照射地面面积在50％左右的地方建造。当然棚舍的建造还要考虑靠近虾池，以便于对猪、鸡的日常管理。

需要强调的是，棚舍内应设有粪尿沟，粪尿排除方向要一致，均朝虾池方向修造。

3. 发酵池

鸡粪和猪粪都不能直接排入罗氏沼虾池塘中的，必须要先进行发酵、腐熟等处理后方可入池，因此可在虾池附近修建一个发酵池，池子最好是用砖砌并用水泥抹平，进料口连着畜禽棚舍，出料口连着虾池。

五、饲料配制与投喂

长嘴就要吃，除了树木外，鸡、猪、罗氏沼虾都需要天天喂食，因此饲料的充足供应和科学配制就是个非常重要的事情。

1. 鸡饲料与投喂

（1）鸡饲料。鸡的饲料以廉价的农副产品资源为主，不得加任何添加剂，由于土鸡是在林中养殖的，可圈、放结合，让鸡在野外觅食林中的野草和昆虫，饲养成本可减少 30％左右。

当然，除了野外觅食以外，还要进行人工投喂饲料，以使鸡营养均衡，同时也利于鸡的长成和产蛋。鸡饲料按形状可分为四种：粉料、粒料、颗粒料和碎料。

粉料：粉料有两种，一种是单一饲料，另一种是配合饲料，目前多用配合饲料的粉料，但是粉料不应磨的太细，保持有一定的颗粒，便于采食。粉料饲喂有两种方法：一种是干喂，一种是湿喂，干喂比湿喂消化多，湿喂通常用加青绿饲草饲喂，在夏天湿喂时要注意及时将未吃完的饲料清洁干净，否则不但造成饲料浪费，而且剩余的饲料容易酸败，从而影响家禽的生长环境。

粒料：是指谷类饲料的整颗粒，适合于傍晚饲喂，可与配合饲料合在一起喂，也可与粉料在一起喂。

颗粒料：是配合饲料进行制粒、烘干等加工程序后得到的饲料，便于贮存和运输。特别适用于肉仔鸡。

碎料：由颗粒料加工而成，具有颗粒饲料的优点。适合各种年龄的鸡。

（2）饲喂方法。在林中养殖土鸡时，主要是投喂两次，其余的时间让它们在林中自由采食。第一次是在早上将鸡赶出棚舍前，可少量投喂一点饲料，投喂的地点要相对固定，然后将它们赶出去，这样可让它们产生一种条件反射，就是"家里有好吃的"，晚上它们就会想着回家；第二次就是在晚上回家后让它们吃饱一次，这样就可以保证它们的生长，不至于一部分白天没吃饱的鸡在夜里饿着。

（3）防止饲料浪费的措施。在林中养殖土鸡时，由于它们吃惯了野食，所以在棚舍喂食时，可能会乱叨毛啄，造成饲料的浪费，因此可以采取以下几点措施来降低饲料的浪费：一是日粮的配比要合理，营养成分不缺也不多，这样既能满足土鸡的生长发育，又不浪费原料；二是料槽的构造和高度要合适，方便土鸡采食，避免在采食过程中造成饲料的浪费；三是饲料形状和添料方法要合理，最大限度地满足土鸡的需求和摄食方式。

2. 猪饲料的配制与投喂

在林中养猪时，它的饲料来源主要有三个：一个是树叶，树叶中含有丰富的营养成分，如脂肪、蛋白质、粗纤维，并有钙磷和微量元素以及各种维生素。其中，有的树叶晒干后蛋白质含量很丰富，如紫穗槐叶含粗蛋白质高达 37.4%，是一种很好的青绿饲料。第二个就是鸡粪便，可以将它们晒干后加入猪的配合饲料中，进行投喂。第三个就是专用的配合饲料，一天可以在晚上喂一次。

另外，如果猪散养在林间，它还可以啃食林间的青绿饲料，如幼嫩的植物茎叶，林间的一些野生的蔬菜根茎也是它们的食物之一，如在林间生长的野萝卜的根等。

由于许多树叶含有苦味，猪不喜欢吃，喂量过多，可能会引猪的便秘，所以树叶要经过加工调制才可以作为饲料，既提高了其适口性，又提高了树叶的利用率。树叶饲料的加工调制有如下几种方法。

（1）青贮法。就是将树叶放入青贮容器进行青贮，可以按照树叶与谷糠 10：1 的比例加入谷糠，青贮后进行投喂。

（2）水泡法。先将采摘下来的树叶放入缸内或水泥池内用水进行清洗，然后再用 80％ 的温开水烫一下，再将树叶放入清水中浸泡 2～4 小时，后剁碎与饲料混合喂养。

（3）发酵法。就是将树叶晒干，然后进行加工，粉碎成粉状。先用清水将发面用的老面调成稀糊状，之后再向里边加入玉米面和米糠，让其充分混合，发酵一天。最后再将树叶和酒糟倒入其中，进行充分搅拌，并装入发酵缸内，温度保持在 30～50℃，发酵 48 小时候就可以用来喂猪了。

对猪的投喂和土鸡一样，主要是在晚上投喂一次，其余自行采食即可。

3. 罗氏沼虾的饲料投喂

（1）将猪粪便和鸡的粪便充分腐熟发酵后，放入虾塘后肥水，可以培育大量的浮游生物等天然饲料供罗氏沼虾食用，当然还有部分畜禽粪便中含有一些颗粒饲料，它们本身就是罗氏沼虾良好的食物，大大降低了生产的饲料成本。

（2）必须投喂人工配合饲料。以促进罗氏沼虾的生长，提高单位面积产量，增加经济收入，配合饲料的投喂方法前文已经有详细的阐述，这里不再赘述。

（3）采用这种立体综合养殖模式，鸡粪和猪粪经过加工处理后均可作为罗氏沼虾的饲料。家禽粪便营养丰富，含有蛋白质、矿物质及部分维生素，在投喂时，可以按照一定的比例，适当添加精饲料，以使营养更全面。在配合饲料时，一般鸡粪所占饲料比例为40％～50％，猪粪为30％～50％。

六、养殖管理

罗氏沼虾的养殖管理，前文已经有所阐述，这里着重提一下水质的调控，如果粪便没有充分腐熟、发酵后，进入罗氏沼虾池塘后，不但会消耗大量水中的溶解氧，造成罗氏沼虾的浮头，而且还会对水质造成污染，不利于水中罗氏沼虾的正常生长。尤其在夏季，水质会变得过肥。所以，养殖者要勤于观察水质。如果发现水质混浊，要及时注换新水。换水量一般为总水量的15％，并减少施肥量，保持池水透明度在25～30厘米。

对于鸡的饲养管理，主要是掌握鸡的养殖密度，林间放牧的放养密度遵循"宜稀不宜密"的原则，放养密度为150～300只/亩。雏鸡在第一个月要在棚舍里进行育雏饲养，等到雏鸡脱温后，就可以进入林地进行放牧饲养。

为了使土鸡定时归舍和方便补料，可以对鸡进行一些口令训练，如吹口哨、敲料桶等，当它们听以口令时就可以自行归舍和吃食。重复训练 10 天左右，鸡就会形成条件反射。

对于猪的饲养管理，主要是做好猪病的预防工作和晚上补料的工作即可。

第五章 罗氏沼虾的生态混养技术

第一节 罗氏沼虾生态混养的原则

一、罗氏沼虾生态混养的意义

混养是提高罗氏沼虾养殖产量的重要措施之一，因地制宜合理地选择混养品种是虾塘综合养殖成效的关键技术之一。

1. 提高虾池综合养殖效益

在适宜的虾池内混养一定为数量、一定规格的水产品种有利于罗氏沼虾生长，发挥养殖罗氏沼虾和混养对象之间的互利作用，降低养殖成本，增加虾池养殖产量，且能增加其他水产品的产量，提高养殖产量和经济效益，据相关专家的测算，混养虾池比单养效益提高20%以上。

2. 具有明显的生态效益

在罗氏沼虾养殖过程中，虾池的残饵、罗氏沼虾粪便促使虾池中大量微生物和细菌繁殖，造成池水营养化，加重了池底、池水污染，水质恶化，虾病易发生，特别是罗氏沼虾养殖后期，池水温度升高时尤为突出。通过选择合适的养殖品种与罗氏沼虾混养，合理搭配，它们可以摄食罗氏沼虾残饵、滤食池中的生物、细菌和有机碎屑，既可以合理利用饲料和水体空间，又能让池水得到了净化，减轻了池底和池水的污染，保持了虾池生态平衡，降低单一养殖罗氏沼虾暴发疾病的概率，虾病发生明显减少，促进罗氏沼虾生长。

二、罗氏沼虾生态混养品种搭配的原则

（1）习性相宜的原则，无论是和哪一类水产品进行混合养殖，混养品种的生态习性应适应于当地气候条件、水质条件（包括水温、盐度、海淡水源等）；对罗氏沼虾池塘的水深、面积、底质、换水条件等及饵料条件都要能适应。

（2）混养品种不宜过多，一般可根据罗氏沼虾池塘的条件，确定1~2个混养品种即可，应尽可能利用各混养品种间生态习性（食性、生活空间等）的互补性，以充分利用和提高虾塘的生态效益。

（3）混养品种的苗种来源要方便、充足、健康。

（4）混养品种和罗氏沼虾应无危害和竞争关系，包括争夺水体空间和争食，另外混养品种的长势要良好，最好能当年达到商品规格，且有一定经济效益和市场销路。

（5）放养密度要适宜，在确定罗氏沼虾的合理密度后，要根据虾塘的实际承载力，保持各混养品种的合理放养密度，不要过量放养。另外还要根据罗氏沼虾苗种的规格、预计达到的起捕规格、预计起捕时间等因素，来确定混养品种的搭配比例、苗种规格及合适的放养时间。

三、罗氏沼虾生态混养的几种类型

采用罗氏沼虾混养的方式，可以促进虾池的综合利用，对于降低养殖成本、增加经济效益、维持虾池生态平衡，提高虾池利用率和饵抖利用率及净化水质，都具有重要意义。我们在长期的调查中发现，目前效益比较好的混养类型主要有以下几种。

1. 鱼虾混养

鱼虾混养模式主要是利用鱼的食性，有的鱼以虾的残饵和排泄物为食，保持养殖池底质的清洁，减少细菌病的发生，有些鱼类可以摄食活动力较弱或濒死的罗氏沼虾，同时也能摄食罗氏沼虾的残饵和排泄物，这一类鱼能起到改良水质、减少细菌病发生的作用。这种混养模式的优点是在不影响罗氏沼虾产量同时，既可净化水又能增加效益。

在虾鱼混养模式中关键的问题是鱼的品种，以及鱼投放时间、大小和密度。混养鱼的种类主要有罗非鱼、四大家鱼、草鱼等。例如罗非鱼适温范围广，属于广盐性鱼类，虾池水温春、夏季较高，适应其生长。罗非鱼经驯化后与罗氏沼虾混养，不必单独投饵，因为罗氏沼虾残饵或池中有机物质、杂藻、桡足类等可成为该鱼的良好饵料。

2. 虾蟹混养

虾蟹混养分为以虾为主兼养蟹类和以蟹为主兼养虾类两种方式。

3. 虾虾混养

这种混养模式就是利用不同的虾与罗氏沼虾在生态位上、食性上及养殖周期上的差别，实现混养，从而取得良好效益的模式，这种模式中代表是南美白对虾套养罗氏沼虾。亩放南美白虾苗5万尾，罗氏沼虾亩放1万尾。也可以罗氏沼虾套养南美白对虾，其密度对调。这样，合理疏养，降低养殖风险求效益，加大商品虾规格，才能提高市场竞争力。

第二节　罗氏沼虾与河蟹生态混养

在池塘中进行罗氏沼虾与河蟹混养的混养，是利用罗氏沼虾能在淡水中养殖的特点，采取科学的技术措施，达到增产增效的目的。

一、池塘选择

一般选择可养鱼的池塘或利用低产农田四周挖沟筑

堤改造而成的提水养殖池塘，面积不限，要求水源充足，水质条件良好，池底平坦，底质以砂石或硬质土底为好，无渗漏，进排水方便，虾池的进、排水总渠应分开，进、排水口应用双层密网防逃，同时也能有效地防止蛙卵、野杂鱼卵及幼体进入池塘危害蜕壳的虾蟹。为便于拉网操作，一般 20 亩左右为宜，水深 1.5～1.8 米，要求环境安静，水陆交通便利，水源水量充足，水质清新无污染。

二、配套设施

1. 防逃设施

和罗氏沼虾相比，河蟹的逃逸能力比较强，因此在进行罗氏沼虾混养殖河蟹时，必须考虑到河蟹的逃跑因素。一般来讲，河蟹逃跑有四个特点：一是生殖洄游时容易引起大量逃逸。在每年的"霜降"前后，生长在各种水域中的河蟹，都要千方百计逃逸。二是由于生活和生态环境改变而引起大量逃跑。河蟹对新环境不适应，就会引起逃跑，通常持续 1 周的时间，以前 3 天最多。三是水质恶化迫使河蟹寻找适宜的水域环境而逃走。有时天气突然变化，特别是在风雨交加时，河蟹也会逃逸。为了防止夏天雨季冲毁堤坝，可以在池塘里开设一个溢水口，溢水口也用双层密网过滤，防止幼虾幼蟹乘机顶水逃走。四是在饵料严重匮乏时，河蟹也会逃跑。因此我们建议在河蟹放养前一定要做好防逃设施。

防逃设施有多种，常用的有两种，一是安插高 45 厘米的硬质钙塑板作为防逃板,埋入田埂泥土中约 15 厘米,每隔 100 厘米处用一木桩固定。注意四角应做成弧形,防止河蟹沿夹角攀爬外逃;第二种防逃设施是采用麻布网片或尼龙网片或有机纱窗和硬质塑料薄膜共同防逃,用高 50 厘米的有机纱窗围在池埂四周,用质量好的直径为 4~5 毫米的聚乙烯绳作为上纲,缝在网布的上缘,缝制时纲绳必须拉紧,针线从纲绳中穿过。然后选取长度为 1.5~1.8 的米木桩或毛竹,削掉毛刺,打入泥土中的一端削成锥形,或锯成斜口,沿池埂将桩打入土中 50~60 厘米,桩间距 3 米左右,并使桩与桩之间呈直线排列,池塘拐角处呈圆弧形。将网的上纲固定在木桩上,使网高保持不低于 40 厘米,然后在网上部距顶端 10 厘米处再缝上一条宽 25 厘米的硬质塑料薄膜即可,针距以小蟹逃不出为准,针线拉紧。

2. 隐蔽设施

无论对于罗氏沼虾还是河蟹来说,在池塘中设有足够的隐蔽物,对于它们的栖息、隐蔽、蜕壳等都有好处,因此可以设置竹筒、瓦片、网片、砖块、石块、竹排、塑料筒、人工洞穴等隐蔽物体供其栖息穴居,一般每亩要设置 500 个左右的人工巢穴。

3. 其他设施

用塑料薄膜围挡池塘面积的 5% 左右作为罗氏沼虾暂养池,同时根据池塘大小配备抽水泵、增氧机等机械设备。

三、池塘准备

1. 池塘清整、消毒

池塘要做好平整塘底，清整塘埂的工作，使池底和池壁有良好的保水性能，尽可能减少池水的渗漏。对旧塘进行清除淤泥、晒塘和消毒工作，5 月初抽干池水，清除淤泥，每亩用生石灰 100 千克、茶籽饼 50 千克溶化和浸泡后分别全池泼洒，可有效杀灭池中的敌害生物如鲶鱼、泥鳅、乌鳢、蛇、鼠等，争食的野杂鱼类及一些致病菌。

2. 种植水草

经过滤注水后，虾蟹混养池就要移栽水草，这对罗氏沼虾和河蟹生长发育都有好处的一种技术措施。水草是罗氏沼虾和河蟹隐蔽、栖息、蜕皮生长的理想场所，水草也能净化水质，减低水体的肥度，对提高水体透明度，促使水环境清新有重要作用。同时，在养殖过程中，有可能发生投喂饲料不足的情况，水草也可作为河蟹的部分饲料。

河蟹喜欢的水草种类有伊乐藻、苦草、眼子菜、轮叶黑藻、金鱼藻、凤眼莲、水浮莲和水花生等，水草的种植可根据不同情况而有一定差异，一是沿池四周浅水处 5%～10% 面积种植水草，既可供罗氏沼虾、河蟹摄食,同时也为虾、蟹提供了隐蔽、栖息的理想场所,也是罗氏沼虾、河蟹蜕壳的良好地方;二是在池塘中央可提前栽培伊乐藻或菹草;三是移植水花生或凤眼莲到水中央;四是临时放草把,方法是把水草扎成团,大小为1平方米左右,用绳子和石块固定在水底或浮在水面,每亩可放10处左右,也可用草框把水花生、空心菜、水浮莲等固定在水中央。但所有的水草总面积要控制好,一般在池塘种植水草的面积以不超过池塘总面积的 1/4 为宜,否则会因水草过度茂盛,在夜间使池水缺氧而影响罗氏沼虾、河蟹的正常生长。

3. 放养螺蛳

螺蛳是河蟹很重要的动物性饵料,在放养前必须放足鲜活的螺蛳,一般是在清明前每亩放养鲜活螺蛳200~300千克,以后根据需要逐步添加。投放螺蛳一方面可以改善池塘底质、净化底质,另一方面可以为罗氏沼虾和河蟹补充部分动物性饵料,还有一点就是螺蛳肉被吃完后留下的壳可以为水体提供一定量的钙质,能促进罗氏沼虾和河蟹的蜕壳。

为利于水草的生长和保护螺蛳的繁殖,在蟹种入池前最好用网片圈好虾蟹混养池面积的 20％作暂养区,地点在深水区,待水草覆盖率达 30％、螺蛳繁殖已达一定数量时撤除,一般暂养至 4 月,最迟不超过 5月底。

四、苗种投放

1. 罗氏沼虾苗种的放养

罗氏沼虾要求在 5 月上中旬放养为宜，选购经这检疫的无病毒健康虾苗，规格 2 厘米左右，将虾苗放在浓度为 20 毫克/升的甲醛液中浸浴 2～3 分钟后放入大塘饲养。每亩放养量为 1 万～1.5 万尾为宜。同一池塘放养的虾苗规格要一致，一次放足。

2. 蟹苗种的放养

蟹种的质量要求：一是体表光洁亮丽、甲壳完整、肢体完整健全、无伤无病、体质健壮、生命力强、同一来源。二是规格整齐；扣蟹规格在 80 只/千克左右。

蟹种的来源：最好是采用养殖场土池自育的长江水系中华绒螯蟹的一龄扣蟹。

放养密度：每亩可放养，放养密度 200～300 只/亩。

放养时间：3 月底以前放养结束为宜。

操作技巧：放养时先用池水浸 2 分钟后提出片刻，再浸 2 分钟提出，重复三次，再用 3%～4% 的食盐水溶液浸泡消毒 3～5 分钟，杀灭寄生虫和致病菌，然后放到混养池里。

3. 混养的鱼类

在进行罗氏沼虾和河蟹混养时，可适当混养一些鲢鲺鱼等中上层滤食性鱼类，以改善水质，充分利用饵料资源，而且这些混养鱼也可作塘内缺氧的指示鱼类。鱼种规格 15 厘米左右，每亩放养鲢、鲺鱼种 50 尾。

五、饲料投喂

当罗氏沼虾和河蟹进入大塘后可投喂专用罗氏沼虾、成蟹饲料，也可投喂自配饲料，如果是自配饲料，这里介绍一个饲料配方：鱼粉或鱼干粉或血粉 17%、豆饼 38%、麸皮 30%、次粉 10%、骨粉或贝壳粉 3%，另外添加 1‰专用多种维生素和 2%左右的黏合剂。按罗氏沼虾、河蟹存塘重量的 3%～5%投放日投喂量，每天上午 7～8 时投喂日总量的 1/3，剩下的在下午 3～4 时投喂，后期加喂一些轧碎的鲜活螺、蚬肉和切碎的南瓜、土豆，作为虾、蟹的补充料。混养的鲢、鲺鱼不需要单独投喂饵料。

六、加强管理

一是水质管理，强化水质管理，整个养殖期间始终保持水质达到"肥、爽、活、嫩"的要求，在罗氏沼虾放养前期要注重培肥水质，适量施用一些基肥，培育小型浮游动物供罗氏沼虾摄食。每 15～20 天换一次水，每次换水 1/3。高温季节及时加水或换水，使池水透明度达 30～35 厘米。每 20 天泼洒一次生石灰水，每次每亩用生石灰 10 千克。

二是养殖期间要坚持每天早晚巡塘一次，检查水质、溶氧、虾蟹吃食和活动情况，经常清除敌害。

三是加强蜕壳虾蟹的管理，通过投饲、换水等技术措施，促进河蟹和罗氏沼虾群体集中蜕壳。平时在虾、蟹饲料中添加一些蜕壳素、中草药等，起到防病和促进蜕壳的作用。在大批虾蟹蜕壳时严禁干扰，蜕壳后及时添加优质饲料，严防因饲料不足而引发虾蟹之间的相互残杀。

七、捕捞

经过 120 天左右的饲养，罗氏沼虾长至 12 厘米时即可收获，采用抄网、地笼、虾拖网等工具捕大留小，水温 18℃以下时放水干池捕虾。成蟹采取晚上在池埂上徒手捕捉和地笼张捕相结合，捕获的蟹及时清洗，暂养待售。

第三节　罗氏沼虾与青虾生态轮养

即在同一池塘养殖一茬罗氏沼虾和一茬青虾，由于罗氏沼虾是热带性虾类，常规养殖生产周期仅 120 天左右，采取罗氏沼虾和青虾轮养可有效地提高池塘利用率，提高经济效益。

一、时间衔接

4 月底至 5 月初待池塘的青虾出售完毕后，立即清塘消毒，5 月中旬至 6 月上旬投放罗氏沼虾虾苗，为确保安全，放苗前2天把围后暂养池中水的盐度配制成和育苗场的盐度相同，在暂养池中进行二次淡化培育，6月中旬至10月中旬为罗氏沼虾成虾养殖期，10月中旬开始捕捞销售，至10月底捕捞完毕，腾塘清整消毒作下一个周期使用。11月初清塘消毒，药性消失后放入青虾苗，11月上中旬至翌年4月底为青虾饲养期，此期间可多次轮捕上市。

二、虾池配套

设施虾池面积10～30亩，东西长走向，池坡比1∶1.5，水深1.2～1.8米，水源无污染，进排水方便。通电和水陆交通便利。每5亩水面配备3千瓦增氧机1台、进水口设置抽水机1台，架空管道鼓风气泵两台；每个虾池配置1条2～3吨的水泥船。为了种苗配套，可在大塘的一角或一端开挖占大塘面积3%左右的暂养池。

三、清塘消毒

每茬虾捕捞结束后，都要排干池水，刮除池底5～8厘米厚的淤泥，防止病菌积累；晒塘至表面干硬龟裂即可。放种前2周左右，每亩用100千克生石灰溶化后均匀撒洒池底，并用人工方法将池子耙一遍，隔数日进水盖过全部池底，注水时用60目的筛绢过滤，防止野杂鱼苗、卵进入，每亩分别用2～3千克"二氧化氯"和浸泡的50千克茶籽饼全池泼洒。放种前1周注入清洁水。11月，在罗氏沼虾全部起捕后用茶粕素清塘后放入青虾苗。

四、虾苗放养

1. 罗氏沼虾苗放养

罗氏沼虾选购无病毒健康淡化虾苗，规格 1.2 厘米以上，亩放 2.5 万～3.5 万尾。

为了罗氏沼虾二次淡化，虾苗放养前 1 天用塑料薄膜或彩条布围出约占整个池塘大小 1/100 的面积，作为淡养淡化区（暂养密度每平方米 1000～1500 尾）。暂养区按比例投放食盐、硫酸镁、硼酸等人工海水配料。放苗 1 天内保持暂养池水相对盐度不变，以后逐渐添加淡水淡化，10 天后过滤至纯淡水。在围栏的塑料薄膜上划开若干裂缝至池底，使虾苗自行游出暂养区至养殖池中继续养殖，放养量为规格 1 厘米的优质苗亩放 1 万～2 万尾。

2. 青虾苗放养

一般 9 月中旬放养体长 2～3 厘米的幼虾 1 万尾左右，也可放每千克 300 尾以上的幼虾 3～5 千克，投放时，在池塘内水平放置 1 块 8 平方米的纱窗网片，进水深度 15 厘米，将经过缓水的虾轻轻倒入网片之中，让其自行游离网片潜入水中，仍留在网片上的伤病虾苗应捞出处理。同时每亩可套放鲢、鳙鱼种 50～80 尾。

苗种可从其他池塘中收购未达上市规格的幼虾，为了有的放矢，可在大塘的一角或一端开挖占大塘面积 3%

左右的小塘，放养抱卵亲虾自繁自育青虾苗种。

五、饵料投喂

虾苗刚入池时，由于早期虾池有丰富的饵料生物供虾苗摄食，应少投饵或不投饵。放苗后 3 天以投喂豆浆为主，10 天左右再逐步转投优质罗氏沼虾全价颗粒料，罗氏沼虾饲料的蛋白质含量在 20％～35％（幼虾期 35％～30％，中虾期及商品虾期 25％～30％），每天投喂 4 次，投喂时间分别为 6 点、10 点、18 点、22 点，傍晚的两次投饲量约占总投喂量的 60％。日投饵量为虾体重的比例幼虾（3 克以下）7％～9％，中虾（3～6 克）5％～7％，成虾（6 克以上）3％～5％，每天投喂 2 次，以傍晚投喂为主。饵料颗粒前期 2 毫米以下，中后期 3～4 毫米，后期增喂一些小杂鱼、螺、蚌、蚬肉等动物性饲料。青虾在冬春水温低时，趁晴天在向阳处可几天投喂一次，生长期按在池虾体重 3％～5％的量投喂。罗氏沼虾和青虾均要求在 1 小时左右正好吃完为标准。

六、水质调节

养成期间的水质 pH 保持在 7.6～8.3，溶解氧在 5 毫克/升以上，透明度保持在 25～35 厘米。刚放苗时水位在 50 厘米，根据池水的肥瘦、天气情况适当施肥，采取少量多次的施肥方法，培育足够天然适口饵料，使水色呈黄绿色或茶褐色。10 天后添少量新鲜水，以后逐渐加至最高水位，以后定期加注新水或换水，每次换水量为 1/5 左右即可。罗氏沼虾生长旺季每天中午避开投饵定时开增氧机 2 次，每次开机不少于 2 小时。夜间高度警惕视情况及时开启增氧泵，做到池水昼夜有足够的溶氧。

七、日常管理

坚持早、晚巡塘，观察虾池水环境、是否有虾病发生、虾塘渗漏、有否敌害及虾活动摄食情况，发现问题及时采取措施。

为预防罗氏沼虾疾病，可采取以下措施：①虾苗放养时用"福尔马林"液浸浴 2～3 分钟；②苗种放养后第一次添新鲜水结合用消毒剂二溴海因 0.3 克/立方米全池泼洒，以后每月 1 次，具体时间应避开用生物制剂后 7 天以上；③生长期间每隔 15～20 天使用 1 次"溴氯海因"全池泼洒消毒；④每 20 天左右使用 1 次光合细菌，选择晴天上午 10 点左右，每 1000 平方米施加光合细菌 30 千克，活菌数为 $3×10^9$ 个/毫升；⑤在饲料中定期添加一定量的大蒜素、复合维生素等药物，拌食连喂 2 天。

八、成虾收获

罗氏沼虾饲养 50 天最后一次用药，休药期限一过，开始下专捕商品虾笼，提大留小，陆续上市，最后使用拉网进行捕捞。青虾在春节前后进行捕捞，先用地笼等网具进行捕捞，最后干塘捕捞。

九、注意事项

首先是在选择罗氏沼虾苗种时，要加强质量控制，罗氏沼虾要经严格检疫的健康虾苗。其次是要定期抽测虾的生长情况（一般每15～20天1次），针对长势，调整投饵、施肥等管理措施。

第四节　罗氏沼虾与草鱼生态混养

这也是利用罗氏沼虾的虾苗经淡化后可在淡水池塘中养殖的习性，混养栖息在水体中层的草鱼，可以充分发挥池塘的生产潜力，只要管理得当，措施到位，一年可以实现混养罗氏沼虾两茬、草鱼一茬的目标。

一、池塘条件

在进行罗氏沼虾与草鱼混养时，对池塘要求比较简单。

1. 面积

虾塘长方形，一般面积以20～30亩为宜。

2. 水质水源

要求水源充足，排灌方便，水质无污染，如果水源不足的池塘，可在池塘边打一口水井。在养殖过程中，池水的pH应保持在7.8～8.6。

3. 水深

养殖池平均水深在 1.5 米左右即可。

4. 底质

应选择底质较硬的泥沙底，要求池塘的地势平坦，倾斜度小，淤泥不要太深，只要能适合养殖草鱼的池塘都可进行草鱼与罗氏沼虾的混养。

二、池塘必要设施

1. 前期培育池修建

在罗氏沼虾池塘混养草鱼时，池塘必须具备完善的排灌系统，这时就需要设置一个进排水水闸，在进水时，要在进水口的两端各蒙上一层 60 目的进水网，目的是预先阻止大型杂鱼及有害生物进入池塘内，并防止罗氏沼虾漏逃，确保养殖池的安全。

2. 中间培育池的修建

为了提高罗氏沼虾幼苗的成活率，要在池塘内修筑一条高出水面的土坝，把池塘分成中间培育池和养成池两部分，并在土坝上修建一座简易水闸门。中间培育池应设于池塘的高位且易于纳水之处，面积占池塘养殖总面积的 1/15～1/10。有条件的养殖户，可用竹竿、竹皮在中间培育池上搭造弧形大棚骨架，并准备好宽面透明塑料布，以便虾苗暂养期间下大雨或遇冷空气时覆盖。

三、放养前的准备工作

1. 整理池塘

对于多年养殖罗氏沼虾的虾塘首先要进行整理，将池塘（含中间培育池）内的积水排干，尽量将池底的黑淤泥清走，抢出时间曝晒池体，直到池塘底土龟裂为止。同时利用这段时间修整堤坝，达到全池堤坝规整，无漏穴，池底平坦，池子蓄水深度在 1.5 米以上。

2. 设置饵料台

在罗氏沼虾养殖池塘里设置饵料台，方法同前文是一样的。

3. 清池消毒

为了有效地清池、除野并消灭细菌，可以使用生石灰或漂白粉进行全池泼洒消毒，并翻耙池底塘土，让生石灰或漂白粉与塘土充分接触熟化，具体的消毒方法和药剂同前文的池塘消毒是一样的。

4. 培养饵料生物

主要是通过施用有机肥和无机肥来让水体里的浮游生物变得丰富，能满足罗氏沼虾的摄食需求，清塘消毒后，用 60 目的筛绢网过滤进水 40 厘米。选择晴天的上午，按 0.3 千克/亩碳酸氢铵和 0.03 千克/亩磷酸二铵的用量，分别加水溶解后均匀泼洒入池塘（含中间培育池）。7 天后，根据池塘的水色，可适量追施上述的无机肥（氮、磷比为 10：1），采取量少次多的方法，把水色调到红棕色、淡绿色或黄绿色，透明度达 30～40 厘米。

5. 调水

经过十多天的肥水，池底表面生长一层以硅藻等底栖单胞藻类和有机碎屑为主的小型底栖生物群落；池水中繁殖出以单胞藻类、桡足类等为主的浮游生物。这时就把土坝的简易水闸门封闭，用生石灰、海水精（或原卤水）把中间培育池水的酸碱度和盐度调到接近罗氏沼虾苗种场虾苗出池时的数值。pH 一般为 8.2～8.6，盐度一般为 2‰～4‰。这时就可以准备放苗了。

四、放养苗种

1. 罗氏沼虾苗的放养

在育苗池与中间培育池的水温差不超过 3℃时，就可以考虑放养罗氏沼虾苗种了，在放养前先用小量虾苗试水。确认安全后，按池塘养殖面积每亩放养 0.6 万～0.8 万尾虾苗的密度，把虾苗全部放入中间培育池内暂养。虾苗生长到 2.5 厘米以上后，打开土坝的简易水闸门，再放上水，两者成为一体，让幼虾自由进出养成池和中间培育池。

2. 草鱼苗种的放养

可于 3 月份在养成池放养经过一冬龄培育的大规格草鱼种，规格为每尾 13 厘米左右，每亩放 300~400 尾。有增氧设备的池塘，可适当提高放养密度。草鱼种下塘前，要用 3‰的盐水浸 15 分钟。

五、养殖管理

1. 投饵

科学投饵是降低养殖成本，提高养殖效益的一项措施。

罗氏沼虾的投喂和前文一样，不再赘述。

草鱼主要投喂青饲料（杂草、蔬菜或豆类、瓜类、玉米的茎叶等）。日投喂量根据天气、水质和鱼的食欲情况而定，一般达到八成饱即可。

2. 水质调控

水质是决定养殖罗氏沼虾和草鱼混养成败的重要因素之一。因此我们在养殖过程中，必须加强对池塘水质的监测，尽量避免池内环境因子大幅波动。

由于草鱼对环境的适应能力非常强，所以水质的调控着重是做好罗氏沼虾养殖期间的调控就可以了。在罗氏沼虾养殖早期，池水不宜太深，定期补添 2~4 厘米的新鲜水，水深应控制在阳光刚能透射到池底为宜，这样调控的目的是为了有利于池底基础饵料生物的繁殖生长，为罗氏沼虾提供充足的适口的天然活饵料。

在罗氏沼虾养殖的中后期，逐渐添加水至正常水位后，2～3 天要换水一次，换水量应小于池水总量的10％。每次添水或换水后，要注意池塘水色变化，适量追施上述的无机肥，使池塘的饵料生物始终保持一个较稳定的密度和旺盛的生长状态。

如果发现池塘的水质恶化时，应及时、适当加大换水量，均匀施撒沸石粉，用量为 20 千克/亩，并向池塘内施泼 EM 原露或光合细菌等有益细菌，以改良水质和池塘底质。

3. 其他管理措施

鱼、虾苗下池后，要勤巡塘、多观察，掌握鱼、虾活动和生长情况，以便科学地投喂饵料和防治病害，并对水环境的变化进行监控。

六、收获

在进行罗氏沼虾和草鱼混养时，先要收获罗氏沼虾，等罗氏沼虾收获完后，根据市场价格和草鱼的长势来决定是否起捕。

经三四个月的养殖，罗氏沼虾已达到上市规格。应根据罗氏沼虾生长情况、气候变化、水温状况、市场行情，及时收捕上市，以便继续放养下一茬罗氏沼虾。具体的起捕方法同前文是一样的，只是第一茬养殖后还不能立即干塘捕捉。

第五节 罗氏沼虾与罗非鱼生态混养

雄性罗非鱼能生活于海水和咸淡水，经淡化后可在淡水养殖。罗非鱼的生性活泼，喜成群游动，可改善水质环境，对预防罗氏沼虾疾病的发生起到了一定的作用，原因可能是罗非鱼可吞食病虾、弱虾、池底残饵和虾排泄物，使水质保持较好。

在食性上这种鱼是以摄食藻类底栖生物和有机碎屑为主，而鱼的粪便又是罗氏沼虾的良好饵料，因此采用罗非鱼和罗氏沼虾混养模式，可有效利用水体空间，提高养殖效益，是一种值得推广的混养模式。

一、虾塘选择

在进行罗氏沼虾与罗非鱼混养时，它的池塘要求如下。

1. 面积

虾塘长方形，一般面积以 10～15 亩为宜。

2. 水质水源

要求水源充足，排灌方便，水质优良。

3. 水深

养殖池池深在 2.5 米左右，能容纳水深 1.5 米以上。

4. 底质

应选择底质较硬的泥沙底，要求池塘的地势平坦，倾斜度小。

二、配套设施

罗氏沼虾与罗非鱼混养时，池塘也需要相应的配套设施，这些设施主要包括设置进排水水闸、提水设施、装置拦网设施，每5亩池塘配备有1.5千瓦水车式增氧机2台等，具体方法同前文是一样的。

三、放养前的准备工作

1. 翻耕塘底

对于多年养殖罗氏沼虾的虾塘要进行翻耕塘底、修整堤坝以及清淤、曝晒、耙平等处理，方法同前文是一样的。

2. 设置饵料台

在罗氏沼虾养殖池塘里设置饵料台，方法同前文是一样的。

3. 清池消毒

在苗种放养前用生石灰全池泼洒消毒，消毒方法和药剂同前文的池塘消毒是一样的。

4. 培养饵料生物

主要是通过施用有机肥和无机肥来让水体里的浮游生物变得丰富，可在放苗前 10 天施足基肥，培养底栖藻类和浮游植物，保证放苗时，保持水色呈黄绿色或浅褐色，透明度保持在 30～40 厘米，能满足罗氏沼虾、罗非鱼的摄食需求，先用 60 目筛绢网过滤进水 80 厘米，每亩施用腐熟好的鸡粪 20～40 千克，有机肥可施尿素 2～4 千克，培育饵料生物。

四、苗种放养

罗非鱼和罗氏沼虾苗种要从正规育苗场引进，放苗的数量可根据池塘条件、管理水平、增氧机配备的具体情况而定。罗非鱼苗种规格为 4 厘米左右，罗氏沼虾苗种体长 2 厘米，要求苗种体质健壮，品质优良。

4 月中下旬可先放养罗氏沼虾苗种，每亩放养 1.5 万～2 万尾，一个月后放养罗非鱼苗种，每亩放养 450 尾罗非鱼。

五、科学管理

1. 投喂饵料

在雄性罗非鱼与罗氏沼虾混养过程中，主要投喂罗氏沼虾饲料，罗非鱼主要食罗氏沼虾残饵、罗氏沼虾排泄物和各种底栖生物及藻类。但是在生长旺期，也要人工投喂配合饲料。

放苗前期主要投喂罗氏沼虾配合饵料，日投喂 4 次。中后期通过驯化对罗非鱼定点投喂专用鱼料，待罗非鱼饱食后，再喂罗氏沼虾，可采取全池撒施罗氏沼虾料的方法来投喂罗氏沼虾，日投喂 5～6 次，在夏季的夜晚也要投喂少量罗氏沼虾饵料，同时要根据吃食、天气和水质变化等情况灵活调节，通常投饵后，在 1.5 小时内吃完为宜。

2. 及时调节水质

坚持每天早、中、晚 3 次巡塘，随时掌握水位、水质和鱼虾的摄食及活动情况，发现问题及时处理。要求池水的透明度维持在 35 厘米左右，盐度 12‰～22‰，pH 控制在 8.0～9.0，溶解氧 5 毫克/升以上。根据水质情况及时添换水，主要是淡水，换水量前期 10%，中后期可达 20%～30%，同时按照天气、水质情况适当增减。

根据水色变化，适当追肥或换水，保持水色黄绿色、绿色或黄褐色，使水中保持有丰富的微生物饵料，但又不至于过浓。

在养殖前期每天中午开动要增氧机 2～3 小时，中后期每天开机 10～15 小时，在闷热天气和高温时要全天开机。

3. 病害防治要到位

在养殖过程中，坚持"预防为主，防治结合"的原则，定期泼洒生石灰和施用水质改良剂，泼洒少量敌百虫，防止鱼虱、锚头蚤等寄生虫病；定期施用微生物制剂、沸石粉等调节水质和改良底质；定期投喂药饵防治疾病。

六、及时收获

经过 100 天左右的养殖，罗氏沼虾达到了 50 尾/千克的商品规格，开始用拉网收获，平均亩产可达 150 千克左右。雄性罗非鱼留在塘中继续养殖至 120～150 天收获，每亩可产鱼 300 千克左右，成活率达 90％左右。

第六节 罗氏沼虾的运输

一、虾苗的运输

罗氏沼虾自 1976 年由日本引进我国后，经过多年推广养殖，现已发展成为经济虾类的主要养殖对象。该虾的生态习性不同于一般虾类，幼体阶段需要在海水中度过，种苗生产必须由具有专门生产设施和技术的生产单位集中生产才能进行，为使养虾地区及时得到所需的虾苗，每年 4～6 月，都要大量进行虾苗运输，可以这样说，虾苗的运输是罗氏沼虾养殖生产中不可缺少的一项工作，运输存活率的高低与罗氏沼虾人工繁殖的成效和种苗来源有着密切的关系，因此提高虾苗运输成活率已成为罗氏沼虾生产中的重要一环。

由于虾苗体质比较幼嫩，比亲虾运输的要求更为严格，运输工具有塑料袋、帆布篓、木桶、木盆、铁桶等，装运密度依虾体大小、水温高低、运输路线长短而定。当前多采用塑料袋充氧密封运输，操作方便，效果很好。为避免虾苗自相残杀，包装运输之前要投喂一次通过 40 目塑料网布过滤的蒸熟的鸡蛋或鸭蛋，以虾苗吃饱为准，然后彻底清除虾苗捆箱内的残饵和脏物，保证虾苗计数的准确及运输水质的清洁卫生。塑料袋内盛水 6 千克左右（可容水 20 千克），装进虾苗并充足氧气后，放入纸箱内，外用包装带捆牢，总重 7～8 千克，即可上车（汽车、火车）或飞机运输。运输用水最好取自幼虾培育池或暂养池水，水温要与育苗池一致。虾苗由于体质幼嫩，窒息点为 0.96 毫克/升（水中溶氧），明显高于主要养殖鱼类，加上又有相互蚕食的习性，所以虾苗装运密度远比鱼类种苗要低。现根据近年来的运输情况，将塑料袋充氧密封运输幼虾的密度归纳于表 5-1。

表 5-1　塑料袋运输幼虾密度

规格	4～5 小时	6～8 小时	9～10 小时	11～12 小时
淡化虾苗	6000	5000	3000	2500
体长 3 厘米幼虾	1500	1000～1200	500～700	

在大量长距离运输中，水温为 22～26℃时，一般每个塑料袋装苗 3000～5000 尾，成活率 90％左右，虾苗下塘后游动正常。运输时间的长短，直接影响着每袋装苗数量。装运时间 10 小时左右，密度为 4500～5000 尾/袋；装运时间 20～30 小时，密度为 2500～3000 尾/袋。在密

度相近的情况下，虾苗成活率与装运时间成负相关。虾苗的计数要准确，操作力求小心细致，避免虾体损伤。还要做好幼虾培育池的选择和清整工作，使经运输后的虾苗能在舒适的环境中生活。虾苗运到目的地后，应先将塑料袋放养虾塘水面 15～30 分钟，等袋内外水温基本一致后，在上风岸开袋放苗，以提高虾苗放塘成活率。

为了确保运输安全，提高运输成活率，运输前要做好运输器具、充氧、包装设备、火车飞机货运计划等各项准备工作，并准确计算路途时间，选择适宜装运密度，选择好运输用水，做到快装快卸。必要时，应做虾苗装袋密度的梯度试验，特别是在大批量远途运输时，更要这样做。

二、亲虾的运输

亲虾的运输可根据亲虾的数量多少，运距的长短，采用以下几种方法。

1. 尼龙袋充氧运输

此法既适用于虾苗运输，也适用于亲虾运输，它具有重量轻、体积小、操作方便、运输效果好等优点。

尼龙袋以双层、规格为 40 厘米×40 厘米×60 厘米的为好。每袋装水 10～15 千克，装虾密度以 10 千克水放虾 0.2～0.3 千克为宜。将亲虾放入预先装好水的尼龙袋内，充氧密封后装入纸箱，然后可用汽车、火车、飞机、轮船等进行运输。

由于虾的额剑尖锐，故在亲虾装入尼龙袋以前应将其尖端剪去或套上 1.5 厘米长的自行车气门胶管，以免刺破尼龙袋而影响亲虾运输存活率。此法运输的运距可在 10 小时以上。

2. 帆布袋运输

此法仅适用于短距离运输。运输密度以 20 千克水放虾 0.5 千克为宜。运输途中须采取增氧措施，且以早晨、傍晚运输最好。此外，还可以用木桶、竹筐等其他容器进行短距离、小批量的运输。

在运输过程中，还应注意以下几点。

（1）选择恰当的运输季节。秋季罗氏沼虾的性腺已达成熟，此时气温、水温均较为适宜，这时进行亲虾运输，有利于提高运输存活率。

（2）保持水温的相对稳定。罗氏沼虾对水温的变化较为敏感，在运输过程中，要求放养水域、运输用水和新放养水域三者的水温变化不要太大，变化范围以不超过 3～5℃为宜。

（3）小心操作。在亲虾捕捞、装箱时要带水操作，不要用手直接抓捕亲虾，以免由于亲虾弹跳和挣扎而造成损伤。如果用尼龙袋运输可先将亲虾额剑剪掉或套上软管。

（4）缩短运输时间。在运输之前，应对运输工具和运输路线等进行认真检查，充分做好运输前和放养的准备工作，做到快装快卸、尽量缩短时间，以利于提高亲虾的运输存活率。

3. 虾笼运输

虾笼也称为虾箱，是装虾运虾的一种容器和工具，我们都可以自制。先用小方木做成一个柜架形状的箱子，它的规格为长 85 厘米，宽 55 厘米，高 10 厘米，如图 5-1 所示。在上面可以做成一个能自由打开的笼盖，方便装虾使用，为了防止装在箱子里的罗氏沼虾跳出箱外，需用聚乙烯网片将箱子的各面都封好，网片的网目为 6 目/厘米。使用时打开笼盖，将虾倒入笼内，再合上笼盖，就可以放在水里进行运输了，如果是短途而且能保证笼子里有一定湿度的话，也可以直接进行干法运输。这样的一个虾笼，每次可以放虾 10 千克左右。

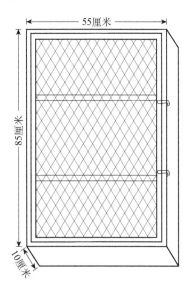

图 5-1 运输用虾笼

4. 湿润运输

罗氏沼虾湿润运输法，是亲虾短途运输的一种好方法。运输方法是使用适宜的汽车进行运输，先在车厢内铺设浸湿水的草席一张，用砖或木枋把草席的四边或靠车后的一端垫高，把罗氏沼虾平铺在席面上，虾体上密盖凤眼莲并带上淋水及装满水的器具。运输时间最好是在下午16时左右，当时气温维持在20～22℃。运输途中，每隔10～15分钟淋水一次，保持虾体湿润，使虾鳃部能保持正常呼吸。在气温比较适宜的情况下，可以安全运输3～5小时。这种方法比塑料袋充氧密封运输或木桶（帆布桶）运输，显出特有的优越性，若用塑料袋充氧运输，虾螯尖锐；若用大木桶运输，20千克水装0.5千克亲虾，装运量也不大。故较大量的短途运输，使用架层式湿润运输法，装运量将大些和安全些。

5. 虾桶运输

在运输过程中，为了保证虾笼运输的成活率，可以配合使用虾桶进行运输。虾桶也是用木板制作的，每个桶长95厘米，宽65厘米，高130厘米，如图5-2所示要求虾桶的防漏性能良好，紧密不漏水，每个虾桶可以装载12个虾笼。另外，也可以根据运虾车的车厢大小规格来自行设计虾桶的规格要求。

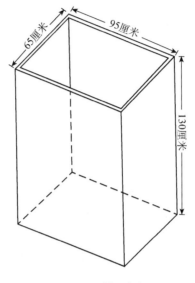

图 5-2　运输用虾桶

三、成虾的运输

　　近年来消费者对水产品品质需求越来越高，活鱼虾市场日益受到重视。由于罗氏沼虾离水易于死亡及变质，活虾带水运输较不便且成本高，市场有限，亦限制了此虾的价格及销量。成虾的运输方法和亲虾是一样的。

第六章 罗氏沼虾的疾病防治

随着罗氏沼虾养殖业的快速发展，人们对养殖环境的破坏以及对高产高效的过度追求，导致民罗氏沼虾病害的迅猛发展，而且危害严重，可以这样说，现在罗氏沼虾病害已经成为罗氏沼虾养殖业发展的主要制约因素。近年来，正是由于罗氏沼虾暴发性病害的流行，给罗氏沼虾养殖业带来了严重的影响，给生产造成成了极大的损失，许多地方的罗氏沼虾养殖业遭受了严重打击，为了减少病害对养殖业的危害，我们有必要从源头做起，从标准化生态养殖的要求做起，减少病害发生的条件，降低病害造成的危害，并实现积极的病害生态预防治措施，从而促进罗氏沼虾养殖业的健康发展。

第一节 罗氏沼虾疾病发生的因素

一、环境因素导致疾病的发生

罗氏沼虾的健康和生长环境有着密切的关系，罗氏沼虾养殖要求有好的养殖环境，当养殖环境发生了对罗氏沼虾不利的因素时，使对产生了压迫感和免疫抗病机能因某些原因而削弱，不能再适应环境的条件时，就会导致病害的发生。水产养殖环境状况不断恶化是首要原因，另外养殖生产者自我污染也比较普遍。

环境条件既能影响病原体的毒力和数量，又能影响罗氏沼虾机体的内在抗病能力。很多病原体只能在特定的环境条件下才能引起疾病发生，而优良的生活环境是保证罗氏沼虾健康的前提，在这种生活环境中的罗氏沼虾是很少得病的，而且它们长势良好，品质和味道也非常棒。根据作者经验，环境方面的因素主要包括温度、水质、底质、光照、湿度、降水量、风、雨（雪）等物理因素。

水温：罗氏沼虾是冷血动物，体温随外界环境尤其是水体的水温变化而发生改变，所以说对罗氏沼虾的生活有直接影响的主要是温度。当水温发生急剧变化，主要是突然上升或下降时，罗氏沼虾机体和体温由于适应能力不强，不能正常随之变化，就会发生病理反应，导致抵抗力降低而患病。罗氏沼虾对温度的适应能力因虾种本身的身体状况、个体发育阶段的不同，差别较大，一般不宜超过 3℃，例如亲虾或苗种进温室越冬时，进温室前后的水的温差不能相差过大，如果相差 2～3℃，就会因温差过大而导致罗氏沼虾"感冒"，甚至大批死亡。还有一点需要注意的就是虽然短时间内温差变化不大，但是长期的高温或低温也会对罗氏沼虾产生不良影响，如水温过高，可使罗氏沼虾的食欲下降。因此，在气候的突然变化或者虾池换水时均应特别注意水温的变化。

水质：罗氏沼虾生活在水环境中，水质的好坏直接关系到它们的生长，好的水环境将会使罗氏沼虾不断增强适应生活环境的能力。如果生活环境发生变化，就可能不利于罗氏沼虾的生长发育，当它们的机体适应能力逐渐衰退而不能适应环境时，就会失去抵御病原体侵袭的能力，导致疾病的发生，因此在我们水产行业内，有句话就是"养虾先养水"，就是要在养虾前先把水质培育成适宜养殖的"肥、活、嫩、爽"的标准。影响水质变化的因素有水体的酸碱度（pH）、溶氧、有机耗氧量（BOD）、透明度、氨氮含量等理化指标。

底质：底质对池塘养殖的影响较大。底质中尤其是淤泥中含有大量的营养物质与微量元素，这些营养物质与微量元素对饵料生物的生长发育、水草的生长与光合作用都具有重要意义；当然，淤泥中也含有大量的有机物，会导致水体耗氧量急剧增加，往往造成池塘缺氧泛塘；另外，在缺氧条件下，罗氏沼虾的自身免疫力下降，更易发生疾病。

溶氧量：罗氏沼虾在水体中生活，它们的生长和呼吸都需要氧气，水体中的溶氧量的高低对它的正常生活有养直接影响，当饲养水中溶氧不足时，罗氏沼虾会出现浮头，过度不足时，就会因窒息而死亡。例如在饲养过程中如果罗氏沼虾的密度大，又没有及时换水，水中虾的排泄物和分泌物过多、微生物滋生、蓝绿藻类浮游生物生长过多，都可使水质变混、变坏等恶化现象，导致溶氧量降低，使虾发病；另外在水温高、阴雨天的时候,水中溶氧量都会大大下降,必须注意及时开动增气机,来人工增氧。

水中的溶氧受各种外界因素的影响而时常变化着。一般夏季日出前1小时,水中溶氧最低,在下午2时到日落前1小时,水中溶氧最大,冬季一般变化不大。水中的溶氧还受饲养密度、水中浮游动物的数量、腐殖质的分解、水中杂质、水温的高低、日光的照射程度、风力、雨水、气压变化、空气的湿度、水面与空气接触面大小以及水草等方面因素影响而变化。

溶解于水中的氧气,一是来自水与空气接触面,水表面和水上层的氧气往往多于下层和底层;在高温和气压低的天气,不仅溶于水的氧气减少,有时甚至氧气从水中逸出。二是来自水生植物、浮游植物的光合作用,白天水中的溶解氧高于夜间,夜间水生植物停止光合作用,其呼吸及水中动物都需要消耗氧。

要保持水体中较高的溶氧量,可以从以下几个角度来考虑:一是考虑适宜的放养密度,以减少罗氏沼虾自身的耗氧;二是加强池塘的水渠配套系统,经常换掉部分老水,输入含氧量高的清洁的新水;三是种植培养适量的水草,增强水草光合作用而带来的溶氧;四是采用人工增氧,主要有开启增氧机、投放增氧剂。

二、生物因素导致疾病的发生

养虾塘的敌害生物较多,包括致病生物、竞争性生物、捕食性动物以及其他有害生物。

1. 致病生物

这些生物因素是罗氏沼虾致病的重要因素，能引起罗氏沼虾疾病的病原体主要包括真菌、病毒、细菌、藻类、原生动物以及蠕虫、蛭类和甲壳动物等，如纤毛虫等寄生虫类，寄生在罗氏沼虾身体上也会引发侵袭性病害，这些病原体是影响罗氏沼虾健康的罪魁祸首。当罗氏沼虾受到病毒、致病微生物理的感染后，就会发生相应的疾病，此种疾病发病快，罗氏沼虾生活力下降，食欲减弱，生长停顿，严重死亡率高，具有强烈的传染性，所以又被称为传染性疾病。

2. 竞争性生物

与罗氏沼虾争夺空间的丝状藻类、水草类以及竞食的动物。它们在虾塘中蔓延迅速，吸收水中的养料，影响池内基础饵料的繁殖生长，并妨碍虾的正常活动，导致虾处于不安生活状态。

3. 捕食性动物

能直接捕食虾的许多动物。其中鱼类有鳝鱼、泥鳅、乌塘鳢等，此外，鸟类和鼠类也能掠食成虾。

4. 其他有害生物

纤毛虫类、夜光虫、甲藻等有害类群的大量繁殖也是虾塘内可能出现的患害。

三、人为因素导致疾病的发生

人为因素包括日常生产管理和技术管理，如引进罗氏沼虾苗种时没有严格检疫，造成疾病带回养殖场；放养密度大，饲料管理不当；水质管理失控，换水量及换水时间不恰当；预防疾病时投放药物不当等都会导致罗氏沼虾发生疾病。例如投喂不足或饲料劣及腐败变质时，罗氏沼虾的摄食量减少，甚至停止摄食，都会造成罗氏沼虾营养不良，体质差，抗病力下降，而发生病变。

还有一种人为因素可能还没有引起重视，但是危害却不小，这种人为因素就是没病乱放药，有病乱投医。水产养殖从业者的综合素质，健康养殖观念等亟待提高，在进行科技服务和推广工作时，发现渔民普遍缺乏科学用药、安全用药的基本知识，病急乱用药，盲目增加剂量，给疾病防治增加了难度，尤其是原料药的大量使用所造成的危害相当大。大量使用化学药物及抗生素，造成正常生态平衡被破坏，最终可能导致抗药性微生物与病毒性疾病暴发，受伤害的还是渔民朋友。

不得不承认，在水产养殖过程中包括罗氏沼虾的养殖过程中，许多养殖户的从业素质还不是很高，他们有时为了蝇头小利，往往过度使用硫酸铜、有机磷农药、添加过抗生素的饲料、各种杀虫剂、灭藻剂等。导致一些养殖水域里乱用药的现象十分严重，已经形成了污染－发病－乱用药－再发病－再用药的恶性循环。这些人为因素都是造成罗氏沼虾疾病发生的重要因素之一。

四、罗氏沼虾肌体内部因素也可能导致疾病的发生

罗氏沼虾疾病的发生与肌体内部因素也有着重要关系。内部因素包括免疫机能和营养状态等方面。所以，在平时的养殖管理中，必须加强罗氏沼虾的营养，增强罗氏沼虾的体质和防御免疫功能。当寒潮侵袭时，要往池里加注适于保温的水量，避免水温大幅度下降，造成罗氏沼虾摄食量下降或停止摄食。

第二节　罗氏沼虾疾病的防治原则

一、防重于治的原则

高温季节是罗氏沼虾生长的旺季，也是病害流行暴发的季节，尤其是拉网、暴雨后使池塘环境发生恶化更易导致罗氏沼虾病害的发生，虾病防治应做到"以防为主，防治结合，无病先防，有病早治，防重于治"的原则。防重于治是防治动、植物疾病的共同原则，对于饲养的罗氏沼虾而言，意义更大。

第一罗氏沼虾生病的早期难以发现，诊断和治疗都比较麻烦。罗氏沼虾生活在水中，它们的活动、摄食等情况不容易看清，这给正确诊断罗氏沼虾的疾病增加了困难，另外在科学诊断后，如何治疗罗氏沼虾的疾病也不是件容易的事，家畜、家禽可以采用口服或注射法进

行治疗，而对患病的罗氏沼虾，特别是虾种幼虾，是无法采用这些方法的。

第二由于罗氏沼虾生病后，大多数已不摄食，又无法强迫它们摄食和服药，因此，患病后的罗氏沼虾不能得到应有的营养和药物治疗。在大批量饲养时，依靠注射给药是不现实的，也是很困难的。如果对罗氏沼虾疾病采用口服法治疗，只限于尚在摄食的病虾，对那些已经没有摄食能力或失去摄食欲望的罗氏沼虾来说，是没有任何意义的。

第三就是大批量饲养的罗氏沼虾，当发现其中有罗氏沼虾生病时，就表明这个池塘里的罗氏沼虾可能都有不同程度的感染。若将药物混入饵料中投喂，结果必然是没有患病的罗氏沼虾吃药多，病情越重的虾吃得越少，导致药物在患病罗氏沼虾的体内达不到治病的剂量。另外某些罗氏沼虾疾病发生以后，如患肠炎病的罗氏沼虾已失去食欲，即便是特效药，也无法进入罗氏沼虾的体内。

第四就是有些罗氏沼虾发病后，采用药物治疗往往见效甚小，只能在清塘时，用药物杀死潜伏在虾池中的孢子或传播罗氏沼虾疾病的中间寄主（如螺类）。

第五就是罗氏沼虾疾病蔓延迅速，一旦有几尾罗氏沼虾生病，往往会给全池带来灭顶之灾，更让养殖户心焦的是，现在专门为罗氏沼虾研制的特效药非常少。另一方面现在的常用药物，由于各种原因，不但让养殖户给药困难，而且有的药物本身污染严重，会对养殖水体造成二次污染。

正是由于这些原因，在治疗罗氏沼虾疾病时，想要做到每次都药到病除是不现实的。因此，罗氏沼虾疾病主要依靠预防，重点靠早期控制。即使发现病虾后进行药物治疗，主要目的也只能是预防同一水体中那些尚未患病的罗氏沼虾受感染和治疗病情较轻或者处于潜伏感染的罗氏沼虾，病情严重的罗氏沼虾是难以治疗康复的。实践证明，在饲养管理中贯"以防为主"的方针，做好"四消""四定"工作，可以有效地预防罗氏沼虾疾病的发生。建议在预防虾病的同时，一定要提高虾的抗应激能力和抵抗力，一般定期投喂维生素 C，免疫多糖等来增强虾体免疫力。如果已经发病，并且有蔓延趋势，须正确诊断，要在早期进行治疗，主要采取外用与内服相结合的治疗方法，采取外用消毒或泼洒中药（如甘草、板蓝根、三黄粉等），内服中西药物进行控制，效果更佳。

二、强化饲养管理、控制疾病传播的原则

罗氏沼虾的部分疾病在发生前有一定的预兆，只要平时细心观察，及时发现并及早处理，是可以把疾病造成的损失控制在最小范围内的。

罗氏沼虾的良好生活环境是靠饲养者精心管理而形成的，所以保证罗氏沼虾生活在最适合的环境中，至少可以避免发生非病原体引起的疾病，如浮头、窒息、中毒等疾病的发生。

三、对症下药、按需治疗的原则

许多养殖户在购买虾药时，会发现一些鱼店宣称某种药物既能治这种疾病，又能治另一种疾病，既可治体表疾病，也可治疗体内疾病，好像所售的药是万能的。凭作者的经验没有一种虾药是包治百病的，像这种药若用后，罗氏沼虾不但得不到及时的治疗，还可能会雪上加霜，加速虾的死亡。

因此可以这样说，某种药物只能对某种疾病有疗效，因此在防治罗氏沼虾疾病时，应认真进行检疫，对病虾做出正确诊断，针对虾所患的疾病，确定使用药物及施药方法、剂量，才能发挥药物的作用，收到药到病除的效果。否则，如果随意用药，不但达不到防治效果，浪费了大量人力、物力，更严重的是可能耽误了病情，致使疾病加剧，造成巨大损失。

四、了解药物性能、科学用药的原则

虾病种类很多，当然为之开发的用于治疗疾病的药物也就很多了，有外用消毒药、内服驱虫药、氧化性药物，还有部分农药及染料类的药物。各种药物的理化性质不同，对虾病的治疗效果及施用方法也各不相同，必须了解和掌握这些药物的基本情况、药物性能后，才能做到科学用药。

目前在渔业方面已经开发了一系列的绿色环保药物，但是远远没有被广泛利用，大多数养殖户仍然选用化学药品、农药、医用或兽用药物和中草药，这些药物都有其本身的理化特性、规格、剂型和使用方法，对虾病的治疗效果及施用方法也各不相同，因此在使用前一定要了解其特性和使用方法。例如漂白粉放置时间过长或保存不当，其有效氯的含量会降低或失效，因此在使用前要进行必要的测定后方能使用，否则，它的治疗效果可能会让人失望；高锰酸钾是强氧化性药物，在强光的照射下3分钟左右即失效，因此需避光保存和使用，并且提倡现配现用；硫酸亚铁如果变成土黄色或红褐色则会失去效果；敌百虫和生石灰同时使用时，就会产生部分敌敌畏，这是一种剧毒物质，对罗氏沼虾有极强的毒害作用。

五、按规定的疗程和剂量用药的原则

俗话说："是药三分毒！"因此要认识到虾药物既可以防治疾病，同时对虾也是有毒副作用的，尤其是超量用药或不规范用药更会对罗氏沼虾造成更大的毒害。所以，必须严格掌握药物的使用剂量。首先要正确地测量养殖水体的面积和水深，计算出水体体积，准确地估算池子里罗氏沼虾的重量，从而计算出用药量，这样才能既安全又有效地发挥药物的作用；其次，养殖环境的变化，如水质的好坏、清洁情况等因素，对药物的作用和施药量也有一定的影响。可根据实际情况，酌情减少或增加用药量。

治疗虾病需要一定的时间，而不能要求"立竿见影"，尽管暂时看不出疗效，也要按规定的疗程用药，不能随意延长或缩短用药的程序，以避免致病菌产生抗药性，更不能认为用药效果不好，随性改换药物，例如有一些养殖户，一看到罗氏沼虾生病了，就非常着急，今天用这种药，明天用另一种药，上午用消炎的，下午改用驱虫的，这是很不对的用药方法。从经济效益和治疗效果两方面衡量，适合治疗虾病的药物本来就比较少，如果致病菌对一些药物产生了抗药性，可用的药物就更少了，最后还可能形成无药可用的局面。

六、观察疗效、总结经验的原则

在施用药物后，要认真观察、记录，注意罗氏沼虾的活动情况及病虾死亡情况。在施药的 24 小时内，要随时注意罗氏沼虾的动态，若发现不正常情况，及时采取适当措施，严重时，应立即换水抢救；如果一切正常，则需观察并记录患病虾的死亡情况，以利分析和总结防治虾病的经验，不断提高防治技术；如果在用药后 7 天内罗氏沼虾停止死亡，则表明药物疗效显著；如果死亡数比用药前减少，表明有疗效；如果死亡数不减或增加，表明无效。另一方面，全池泼洒药物治疗时，病情严重的虾，可能在用药后 1～2 天内死亡数量明显增加，这属正常现象，是药物刺激的必然结果。因此，不能仅在用药 1～2 天后见到罗氏沼虾还在死亡，就判断药物无效而改换其他药物，也不能一天施一种药，天天换药，或者急于求成，乱加 1～5 倍药量，致使罗氏沼虾的病情更加严重，损失更大。

七、大力推广健康养殖、实行生态综合防治的原则

第一要制定合理的养殖模式，放养健康苗种，做好前期的强化培育工作。

第二要保持水质处于良好状态是预防疾病发生的主要手段。

第三预防疾病必须与科学投饲结合起来。

第四做到日常管理与疾病预防相结合。

第三节　罗氏沼虾疾病的预防措施

一般认为，罗氏沼虾机体、环境因素、病原这三者的相互作用，才会导致罗氏沼虾的疾病。只要这三个因素中的一个条件不成熟，疾病就不能发生，因此为了降低发病率，避免造成重大损失，保证罗氏沼虾的健康生长，必须加强管理，经常巡塘，测定各种水况因子和水色及观察罗氏沼虾的活动和摄食情况，通过消除传染源，切断病原传播途径，改善、优化养殖环境和提高罗氏沼虾自身免疫等措施来达到预防疾病的发生。罗氏沼虾疾病预防的原则是"无病先防，以防为主，防治结合，防重于治"，才能有效地预防和减少病害的发生，确保罗氏沼虾的健康生长。

一、建立病害预警系统

病害预警技术就是快速、准确的早期预警预报为虾药的高效施用提供依据，对防止病害的大规模暴发流行具有重要意义。近年来，我国在水产养殖病害预警方面做了大量的研究工作，包括快速检测试剂盒的研发、生态监测方法的研究及专家库的筹备建立等。

在水产病害检测试剂盒方面，应用 PCR、ELISA 等技术具有快速、灵敏、特异的特点，对病害早期发生进行检测。

在生态监测方面，应用计算机识别技术对养殖生态环境监测数据归纳统计后生成病害预测软件，对病害的流行趋势进行预测。

在病害专家诊断系统方面，所谓病害专家诊断系统是指将众多专家对水产疾病的防治经验进行分析、处理、整合，并通过计算机技术构建智能化的专家库。国内外至今尚未有研制开发成功的真正意义的水产鱼病诊断专家系统，但在单品种鱼病专家系统进行了研发尝试。

二、重视虾池修整

池塘是罗氏沼虾栖息生活的场所，同时也是各种病原生物潜藏和繁殖的地方，所以池塘的环境、底质、水质等都会给病原体的滋生及蔓延造成重要影响。

（1）环境。罗氏沼虾对环境刺激的应激性较强，因此一般要求虾池建立在水、电、路三通且远离喧嚣的地方，虾池走向以东西方向为佳，有利于冬春季节水体的升温；清除池边过多的野生杂草；在修建虾池时要注意对鼠、蛇、蛙、鳝及部分水鸟的清除及预防。

（2）底质。虾池在经过两年以上的使用后，淤泥逐渐堆积。如果淤泥过多，不但影响容水量，而且对水质及病原体的滋生、蔓延产生严重影响，所以说池塘清淤消毒是预防疾病和减少流行病暴发的重要环节。

池塘清淤工作主要有清除淤泥、铲除杂草、修整进出水口、加固塘堤等工作，排除淤泥的方法通常有人力挖淤和机械清淤，除淤工作一般在冬季进行，先将池水排干，然后再清除淤泥。清淤后的池塘最好经日光曝晒及严寒冰冻一段时间，以利于杀灭越冬的虾病病原体。如果虾池面积较大，清淤的工程量相当大，可用生石灰干法消毒。

（3）水质。在养殖水体中，生存有多种生物，包括细菌、藻类、螺、蚌、昆虫及蛙、野杂鱼等，它们有的本身就是病原体，有的是传染源，有的是传染媒介和中间宿主，因此必须进行药物消毒。常用的水体消毒药物有生石灰、漂白粉、鱼滕酮等，最常用且最有效果的当推生石灰。在生产实践中，由于使用生石灰的劳动力比较大，现在许多养殖场都使用专用的水质改良剂，效果挺好。

（4）池塘消毒处理。无论是养殖池塘还是越冬池，虾苗虾种进池前都要消毒清池。消毒清池的方法有多种，具体方法在前面已有详述。

三、供应优质虾苗

苗种质量健康、强壮的虾苗抗病能力强，因此放养时应该选择体表光洁、躯体透明度大、全身无病灶、腹节长、肌肉饱满、弹跳灵活、对外界刺激反应灵敏、个体大小均匀的虾苗。在苗种运输时，可用 100 毫克/升免疫多糖溶液装苗，充气加氧运输，以提高苗种入池成活率。在日常的管理饲养中选择营养全面、质量优良的饵料，有时还可以在饲料中添加功能性添加剂，以增强罗氏沼虾体质。

四、培育和放养健壮苗种

放养健壮和不带病原的苗种是养殖生产成功的基础，培育的技巧包括几点：①亲本无毒；②亲本在进入产卵池前进行严格的消毒，以杀灭可能携带的病原；③孵化工具要消毒；④待孵化的虾卵要消毒；⑤育苗用水要洁净；⑥尽可能不用或少用抗生素；⑦培育期间饵料要好，不能投喂变质腐败的饵料。

五、养虾用水的处理

水是罗氏沼虾赖以生存的保证，水源及用水系统是虾病病原传入和扩散的第一途径。优良的水源条件应是充足、清洁、不带病原生物以及无人为污染有毒物质，水的物理、化学指标应适合于罗氏沼虾的需求。用水系统应使每个养殖池有独立的进水和排水管道，以避免水流把病原体带入。养殖场的设计应考虑建立蓄水池，这样，可将养殖用水先引入蓄水池，使其自行净化、曝气、沉淀或进行消毒处理后再灌入养殖池，就能有效地防止病原随水源带入，同时进水口用 60 目筛绢网过滤，以减少敌害生物进入池内。

科学管水和用水，目的是通过对水质各参数的监测，了解其动态变化，及时进行调节，纠正那些不利于养殖动物生长和影响其免疫力的各种因素。一般来说，必需监测的主要水质参数有 pH、溶解氧、温度、盐度、透明度、总氨氮、亚硝基氮和硝基氮、硫化氢以及检测优势生物的种类和数量、异氧菌的种类和数量。

维持良好的水质不仅是养殖动物生存的需要，同时也是使养殖动物处在最适条件下生长和抵抗病原生物侵扰的需要。养殖用水要符合渔业水质用水标准，能达到罗氏沼虾正常生长发育所需的条件。

六、营造良好的水色

有益单胞藻是虾池中食物链的初级生产者，浮游植物通过光合用过程可增加水体中的溶氧量和吸收水体中的氨氮等营养盐，起到改善和净化养殖环境的重要作用。在养殖初期进行水体培肥时，浮游植物生长好与不好将直接影响到池水的水色和生态环境，因此一定要采取科学的施肥方法来营造养殖水体良好的水色。

七、及时投喂药饵

为了满足罗氏沼虾的营养需要和达到快速生长及防止病害发生，可以在日常投喂时，定期在饲料中添加一些营养免疫类和抗病原类药物，以增强虾防病抗病能力，也可以当虾体发生异常或者水环境不好的情况下进行。通常使用的拌饵药有 Vc 脂、大虾新宝、大蒜以及抗生素的土霉素、氯霉素等。药饵的作用除了可以防治病害的发生，还可以增强虾的体质及免疫功能，从而提高抗病力，但是药饵里不宜添加太多抗生素，也不宜经常单用一种抗生素，可以采取轮番进行。此外大蒜是不可缺少的添加剂，使用前把大蒜搅拌成蒜泥，一般用量为 3%～5%，大蒜除了含有丰富的维生素以及起到灭菌治疗肠道疾病外，还起到诱食的作用。

八、科学投喂

在人工养殖的条件下，罗氏沼虾是通过人工投喂的饲料来满足其生长的营养需要的，饲料的营养成分决定了罗氏沼虾的生长速度和健康情况。优质的饲料是获得罗氏沼虾养殖高产的先决条件。劣质饲料不但满足不了罗氏沼虾的营养需要，而且会导致营养不良，生长缓慢，免疫力下降，加剧虾池的污染，造成罗氏沼虾易于感染病毒甚至死亡。所以，在选用配合饲料时，应根据饲料的营养成分而定。

另外，在养殖过程中还要善于观察和了解罗氏沼虾的摄食情况，结合天气变化，灵活掌握饲料的投放量，严格控制罗氏沼虾每次的摄食时间，该增减时就增减，避免过量投喂而造成饲料的浪费和污染底质及投喂不足时造成营养不良而减弱罗氏沼虾体质，在罗氏沼虾暴食时要适当控制投喂量，以免发生病变。

九、对食场进行消毒

食场是罗氏沼虾进食的地方，由于食场内常有残存饵料，时间长了或高温季节腐败后可成为病原菌繁殖的培养基，就为病原菌的大量繁殖提供了有利场所，很容易引起罗氏沼虾细菌性病菌感染，导致疾病发生。同时食场是罗氏沼虾群体最密集的地方，也是疾病传播的地方，因此对于养殖固定投饵的场所，也就是食场，要进行定期消毒，是有效的防治措施之一，通常有药物悬挂法和泼洒法两种。

（1）药物悬挂法。可用于食场消毒的悬挂药物主要有漂白粉、硫酸铜、敌百虫等，悬挂的容器有塑料袋、布袋、竹篓，装药后，以药物能在 5 小时左右溶解完为宜，悬挂周围的药液达到一定浓度就可以了。

在罗氏沼虾疾病高发季节，要定期进行挂袋预防，一般每隔 15～20 天为 1 个疗程，可预防细菌性皮肤病和烂鳃病。药袋最好挂在食台周围，每个食台挂 3～6 个袋。漂白粉挂袋每袋 50 克，每天换 1 次，连续挂 3 天；硫酸铜、硫酸亚铁挂袋，每袋可用硫酸铜 50 克、硫酸亚铁 20 克，每天换 1 次，连续挂 3 天。

（2）泼洒法。每隔1～2周在罗氏沼虾吃食后用漂白粉消毒食场1次，用量一般为250克，将溶化的漂白粉泼洒在食场周围。

十、合理的放养密度

合理的养殖密度是提高罗氏沼虾养殖产量和经济效益的重要保证，虾苗的放养密度要根据不同的虾池和蓄水深度及增氧设备的配备来确定。如果养密度太大，中后期就会加剧罗氏沼虾对生态条件的竞争压力，容易造成缺氧浮头、生长缓慢，并会引起养殖环境恶化，导致发病概率增高。

第四节　科学用药

一、用药方法

给药方法不同，病虾对药物的吸收速度也不一样，药物在病虾体内的浓度也不一样，从而就影响了药物的作用。

（1）挂篓法或挂袋法。具有用药量少，用药方便，对罗氏沼虾没有危险而且毒副作用较小的优点，但是杀灭病原体不彻底，主要用于虾病的预防和早期疾病的治疗。

（2）药浴法。也具有用药量少，用药方便，对罗氏沼虾没有危险而且毒副作用较小的优点，但是原养殖水体中的病原体不能杀灭，仅能彻底杀灭罗氏沼虾身体身上的病原体，主要用于转池或运输前后所用。

（3）遍洒法。用药量较大，计算水体体积不方便，将直接影响用药量，如果药物的安全浓度较小时，当药物用少了，则对虾病治疗毫无作用，但是药量一旦大了，则非常容易发生中毒等副作用。这种用药方法对水体中的病原体杀灭最彻底，效果最佳，预防、治疗均可用。

（4）口服法。具有用药量准确，用药方便的优点，能够有效杀灭病虾体内的病原体。适用于虾病的预防和早期治疗，但对重病的罗氏沼虾则没有药效。

二、药物选用的基本前提

虾药选择正确与否直接关系到疾病的防治效果和养殖效益，所以我们在选用虾药时，讲究几条基本原则。

1. 有效性

为使病虾尽快好转和恢复健康，减少生产上和经济上的损失，在用药时应尽量选择高效、速效和长效的药物，用药后的有效率应达到 70% 以上。但是有些疾病可少用药或不用药，如罗氏沼虾缺氧浮头、营养缺乏症和一些环境应激病等，否则会导致罗氏沼虾死亡得更多更快。缺氧浮头时要立即开启增氧机进行机械增氧，也可泼洒增氧剂进行人工化学增氧；营养缺乏症可在平时投喂时注意饲料的营养配比及投喂方式；环境应激病在平时就要加强观察，注意日常防护，尽可能减少应激性刺激。

2. 安全性

虾药的安全性主要表现在以下三个方面。

（1）药物在杀灭或抑制病原体的有效浓度范围内对水产动物本身的毒性损害程度要小，因此有的药物疗效虽然很好，只因毒性太大在选药时不得不放弃，而改用疗效居次、毒性作用较小的药物。

（2）对水环境的污染及其对水体微生态结构的破坏程度要小，甚至对水域环境不能有污染。尤其是那些能在水生动物体内引起"富集作用"的药物，如含汞的消毒剂和杀虫剂，含丙体六六六的杀虫剂（林丹）坚决不用。

（3）对人体健康的影响程度也要小，在罗氏沼虾被食用前应有一个停药期，并要尽量控制使用药物，特别是对确认有致癌作用的药物，如孔雀石绿、呋喃丹、敌敌畏、六六六等，应坚决禁止使用。

3. 廉价性

选用虾药时，应多做比较，尽量选用成本低的虾药。许多虾药，其有效成分大同小异，或者药效相当，但相互间价格相差很远，对此，要注意选用药物。

三、辨别虾药的真假

辨别虾药的真假可按下面 3 方面判断。

（1）"五无"型的虾药。即无商标标识、无产地即无厂名厂址、无生产日期、无保存日期、无合格许可证。

这种连基本的外包装都不合格，请想想看，这样的虾药会合格吗？会有效吗？是最典型的假虾药。

（2）冒充型。这种冒充表现在两个方面，一种情况是商标冒充，主要是一些见利忘义的药厂发现市场俏销或正在宣传的药物时即打出同样包装、同样品牌的产品或冠以"改良型产品"；另一种情况就是一些生产厂家利用一些药物的可溶性特点将一些粉剂药物改装成水剂药物，然后冠以新药来投放市场。这种冒充型的假药具有一定的欺骗性，普通的养殖户一般难以识别，需要专业人员进行及时指导帮助才行。

（3）夸效型。具体表现就是一些虾药生产企业不顾事实，肆意夸大诊疗范围和效果，有时我们可见到部分虾药包装袋上的广告是天花乱坠，包治百病，实际上疗效不明显或根本无效，见到这种能治所有虾病的药物可以摒弃不用。

四、正确选购虾药

选购虾药首先要在正规的药店购买，注意药品的有效期。其次是特别要注意药品的规格和剂型。同一种药物往往有不同的剂型和规格，其药效成分往往不相同。如漂白粉的有效氯含量为28%～32%，而漂粉精为60%～70%，两者相差1倍以上。不同规格药物的价格也有很大差别。因此，了解同一类虾药的不同商品规格，便于选购物美价廉的药品，并根据商品规格的不同药效成分换算出正确的施药量。再次是消毒剂的种类很多，使用时应注意选择。二氯、三氯对水体中的藻类杀伤力强，用量大或两次以上使用会使水质清瘦，二氧化氯和碘制剂应用面广，禁忌少。同一水体的消毒应注意交替使用不同的种类。最后就是在市场购买商品虾药时，必须根据《兽药产品批准文号管理办法》中的有关规定检查虾药是否规范，还可以通过网络、政府部门咨询生产厂家的基本信息，购买品牌产品，防止假、冒、伪、劣虾药。

五、准确计算用药量

虾病防治上内服药的剂量通常按池塘里罗氏沼虾体重计算，外用药则按水的体积计算。

内服药：首先应比较准确地推算出罗氏沼虾的总重量，然后折算出给药量的多少，再根据环境条件、罗氏沼虾的吃食情况确定出罗氏沼虾的吃饵量，再将药物混入饲料中制成药饵进行投喂。

外用药：先算出水的体积。水体的面积乘以水深就得出体积，再按施药的浓度算出药量，如施药的浓度为1毫克/升，则1立方水体应该用药1克。

第五节　罗氏沼虾生病的诊断

罗氏沼虾生病并不是一点征兆都没有的，只要平时加强观察，注意巡塘，总能发现一些生病的征兆，然后就可以通过这些情况来诊断罗氏沼虾是不是生病了。

一、从罗氏沼虾的活动来诊断

罗氏沼虾是底栖性动物，一般情况下是不会浮游的，正常的虾往往白天成群在水池深处不活动，夜晚出来觅食，反应敏捷。只有在幼苗期或觅食及生病时，才可能浮游，一旦发现清晨罗氏沼虾靠岸静伏或齐集于下风处无力的漂浮，在饵料台内发现行动迟缓，反应不灵敏的罗氏沼虾，或体表有异物附着，有的成群在池边狂游，有这些情况发生时，表示罗氏沼虾可能患病。

二、从罗氏沼虾的体色来诊断

观察甲壳与附肢的颜色，健康罗氏沼虾的体色应是晶莹亮丽、色泽分明，如果发现罗氏沼虾的体色异常，如体色发红、发蓝，或有黑色斑点，转淡变深，这些情况都不是好的现象，基本功可以确定是生病的前兆。如果罗氏沼虾的体表粗糙，甲壳坚硬，多数为蜕皮障碍引起。

三、从罗氏沼虾的排泄物来诊断

在养殖过程中，我们完全可以通过观察罗氏沼虾的粪便来判定池塘里的罗氏沼虾健康情况。平时检查饲料台，如果发现饲料台内有粪便时，那么要比一点粪便都没有的情况说明罗氏沼虾的健康较好，摄食正常，排泄也正常；如果粪便越粗、越长的情况说明罗氏沼虾的体质越体质健康；如果发现粪便是红色，则可能是吞食死虾或病虾造成的，这时要注意进一步观察。

四、从罗氏沼虾身体其他的变化来诊断

观察体内，包括心脏、围心腔、体腔、消化道或肌肉等处是否出现异常，因为病虾的各种器官，尤其是鳃部与肝胰腺都会有明显的色泽改变，肿大或萎缩，一旦发现罗氏沼虾有这些异常变化时，就要进一步确认是什么疾病。

五、从养殖周围环境水体的变化来诊断

主要是了解水色是否浓绿、污浊，有否发生气泡上浮等不良现象，水源是否受到农药、工厂污水的污染，池底有无过多的有机物沉积，使底泥变黑有臭味，水温有否较大的变化等。如果出现异常时，就有可能会发生疾病。

第六节　罗氏沼虾常见疾病的治疗

一、莫格球拟酵母菌病

病原病因：也叫罗氏沼虾亲虾暴发病，是莫格球拟酵母菌感染而造成的。池底积污严重时容易发生此病。

症状特征：病虾体表无明显症状，仅表现为体色较深、不透明，部分病虾步足变红，肝胰腺肿大，发白或糜烂，活力差，最后死亡。

流行特点：主要危害温室越冬的罗氏沼虾亲虾。

危害情况：轻者影响亲虾的摄食和繁殖，重者能导致亲虾大量死亡，具有发病快、死亡率高的特点。

预防措施：目前并无好的治疗方法，只是做好预防工作。

（1）虾池使用前，用盐酸去污，清水冲洗后，用100毫克/升新洁尔灭清洗2～3小时，用清水洗后再用。

（2）亲虾进越冬池前用 20 毫克/升甲醛浸洗 15分钟。

（3）定期检疫，半月一次抽取亲虾心脏血液镜检，防止疾病发生。

（4）保持水温稳定，一般 23～24℃为宜，越冬饲养期间，在饲料中加一些药物如大蒜等。

治疗：目前并无好的治疗方法。

二、烂鳃病

病原病因：多种细菌、真菌大量繁殖感染导致黑鳃。池底积污严重，有的池底含铁、铜离子较高，酸性较大，也容易发生此病。

症状特征：病虾鳃丝呈灰黑色，镜检可见鳃丝坏死，局部有糜烂溃疡现象，其余则无明显病变，鳃丝坏死失去呼吸功能，导致罗氏沼虾吃料减少，活力差，最后死亡。

流行特点：①罗氏沼虾都能感染；②发病时间为夏秋季。

危害情况：①轻者会影响罗氏沼虾的摄食和生长；②严重时，在蜕皮时病虾因呼吸受阻而死亡，或在低溶氧时大批死亡，日死亡率可达6%～10%。

预防措施：①平时注意保持养虾池的良好水质，及时清除池中的残饵、污物。

②水中溶氧保持在4.8毫克/升以上，则很少发生此病。

③发病季节，用漂白粉1毫克/升全池泼洒，每月1～2次。

④在冬季要结合清塘，加强池底改良措施，如是铁离子高，要先想法降解金属离子；如是酸性大，要下石灰中和酸性。

⑤保持合理放养密度，保持水质清新。

⑥定期用15毫克/升生石灰消毒。

治疗：①立即换水，尽量排去底层水。

②内服氟苯尼考、Vc脂、大蒜、鱼油等"药饵"。

③全池泼洒二溴海因0.5毫克/升消毒池水；结合内服虾康宝0.5%、Vc脂0.2%、鱼虾5号0.1%、双黄连抗病毒口服液0.5%、虾蟹脱壳素0.1%。

④按每立方米养殖水体2克漂白粉用量，溶于水中后泼洒，疗效明显。

⑤施用池底改良活化素20～30千克/亩米＋复合芽孢杆菌250克/亩米，以改善底质和水质。

⑥用0.2毫克/升三氯异氢尿酸或0.3毫克/升优氯净全池泼洒，每天1次，1周后用15毫克/升生石灰泼洒

1 次。

三、红腿病

别名：红肢病。

病原病因：虾体受伤后由副溶血弧菌感染造成。

症状特征：主要症状是附肢变红，游泳足更加明显，头胸甲的鳃区呈黄色或浅红色，病虾行动迟缓，多在池边慢游，食量减少，甚至厌食。壳变硬，肝胰脏肿大或萎缩。尾扇末端肿胀、溃烂，尾扇红色，当病灶蔓延到第六腹节时，病虾就会死亡。

流行特点：全年均可感染，但以 11 月～翌年的 4 月流行。

危害情况：①病势较猛，死亡率高；②主要是危害越冬的罗氏沼虾亲体，有传染性，可导致亲虾批量死亡。

预防措施：①挑选亲虾应在水温 20℃ 以上进行，体质应健壮。

②罗氏沼虾放养前，须采用生物、物理及化学的综合法进行清塘处理。

③在高温季节，定期向养殖水体泼洒光合细菌或芽孢杆菌及池底改良活化素。

④保持良好的水质，少投或不投喂活饵料，投全价配合颗粒饵料，每 10～15 天每亩泼洒生石灰 5～10 千克。

⑤虾池使用前用福尔马林浸泡 24 小时，或用高浓度漂白粉消毒。

⑥定期检查病情，坚持每天排污并适量换水。

治疗方法：①立即换水和强力增氧，改良水质。

②用超碘季铵盐或溴氯海因进行水体消毒。

③在外泼药的同时，内服虾康宝 0.5%、Vc 脂 0.2%、鱼虾 5 号 0.1%、双黄连口服液 0.5%、虾蟹脱壳素 0.1%。

④发病虾池泼洒 1 毫克/升漂白粉，投喂虾康（复方中草药）散剂，每千克饵料添加量为 20～30 克，5～7 天为 1 个疗程。

四、肠炎病

病原病因：罗氏沼虾因摄食了变质的饵料引起，或者是时饥时饱造成的。

症状特征：病虾主要表现为游动缓慢，不活泼，摄食不振，肠道水肿变粗、发黑或肿胀，肌肉发白。

流行特点：发病季节一般为每年 6～8 月。

危害情况：病情较轻时，罗氏沼虾生长缓慢，严重时会发生死亡，而且死亡率较高。

预防措施：①全池泼洒 1 毫克/升的漂白粉。

②2 天后投放光合细菌或利生素稳定水质。

③饲料内经常添加免疫多糖和微生物制剂，有助于改善虾肠道微生态环境，可大幅度减少肠炎发生率，在每千克饲料内添加免疫多糖和生物制剂各 2 克，通常连续投喂 3～5 天。

治疗方法：①向池塘里投放沸石粉每亩 30～40 千克

后，再加光合细菌保持水质稳定。

②全池泼洒二溴海因每亩每米水深 200 克或溴氯海因每亩每米水深 250 克一次，同时每千克饲料内添加肠病宁 5 克和诺弗沙星 0.5 克，连续投喂 5～7 天即可。

五、黑鳃病

病原病因：引起虾黑鳃病的原因有很多：①池塘底质严重污染，池水中有机碎屑较多，这些碎屑随着呼吸附于鳃丝，使鳃呈黑色，影响虾的呼吸。

②虾的鳃部被霉菌、细菌、真菌感染。

③池底重金属含量过高，发生中毒，使虾鳃部呈现黑色沉积，影响虾呼吸。

④长期缺乏维生素 C，使虾体内生化反应无法进行。氨基酸无法变成胶质蛋白，而导致虾体瘦弱死亡。

症状特征：病虾鳃呈橘黄色或褐色，后逐步变暗，最后变成黑色，故称黑鳃病。病虾鳃内外布满菌丝，影响呼吸，浮于水面，虾体消瘦，游动停滞至死亡。

流行特点：①主要发生在高温期尤其是 6～8 月是流行高峰期；②高密度养殖的池塘也易发生；③清池不彻底、水体富营养化的水池更易发生。

危害情况：①主要危害罗氏沼虾幼体；②病情较轻时会造成罗氏沼虾呼吸困难，严重的会造成罗氏沼虾死亡；③亲虾直接影响第二年的繁殖。

预防措施：①定期泼洒生石灰，每亩每米水深 8～10千克。

②定期泼洒二氯海因或溴氯海因，每亩每米水深 200～250 克。

③清除池底淤泥，减少病原体繁殖机会。

④避免长期使用硫酸铜，重金属中毒采用大量换水，并添加柠檬酸或己二胺四乙酸钠盐络合物。

治疗方法：①全池泼洒聚维酮碘每亩每米水深 150～200 毫升，病重时隔日再重复施一次。同时每千克饲料中添加 Vc 脂 2 克＋复方恩诺沙星 2 克，连投 5～7 天为一个疗程。

②泼洒生石灰 10～15 毫克/升。

六、其他的鳃病

罗氏沼虾的鳃病很多，除了烂鳃病外，还有黄鳃病、红鳃病、白鳃病等，由于它们的预防措施和治疗方法基本上相同，所以我们就将它们放在一起来表述。

病原病因：①红鳃病：是由于虾池长期缺氧及某种弧菌侵入虾体血液内而引起的全身性疾病。

②白鳃病：本病多发生在藻类大量繁殖、池水 pH 超过 9.5、透明度小于 30 厘米和长期不换水、造成水质败坏的池塘。

③黄鳃病：藻类寄生，也可能是细菌感染。

症状特征：①红鳃病：虾体附肢变成红色或深红色，身体两侧变成白色，腹部浊白。病虾鳃部由黄色变成粉红色至红色，末期虾体变红，鳃丝增厚，鳃丝加大。显微镜下观察可见鳃部有树枝状红色素。

②白鳃病：病虾鳃部明显变白，鳃丝增生，鳃叶明显变大，严重时鳃叶外裸于头胸甲的下缘，或鳃甲鼓起。

③黄鳃病：病虾初期鳃部为淡黄色，中期鳃部呈橙黄色，后期为土黄色，个别虾附肢发红，尾扇呈青绿色，行动呆滞，不摄食。

流行特点：该病主要发生在虾的幼体期，蔓延速度最快。

危害情况：从发病到死亡只有 3～4 天，死亡率达到 100％。

预防措施：①用"富氯"0.2毫克/升全池均匀泼洒，每 3 天一次。

②用"虾健康 2 号"，以 1.5％用量加于饲料中，每 10 天使用一次。

治疗方法：①采用二氧化氯 2～3 毫克/升溶液浸浴，连续使用 2～4 次即可治愈。

②用"虾健康 1 号"以 1％添加于饵料中，连用 2～4 天即可控制病情，建议用到不再发生死虾时止。

七、弧菌病

病原病因：主要是由副溶血弧菌、拟态弧菌等感染引起。

症状特征：病虾活动力减退，表面有少量似黏液的物质，体色略呈灰白色，游动缓慢或沉于水底不动，食欲减退，腹部游泳足先变红。以后步足、尾扇也呈红色，伴随有烂眼、烂鳃发生。

流行特点：①在各养虾区都有流行；②放养密度太大、水质腐败的池塘更易发生；③该病多发于秋季。

危害情况：严重的可导致罗氏沼虾死亡，死亡率可达 30％～50％。

预防措施：①彻底清淤，保持水质清洁。

②合理放养，密度合适。

③高温季节定期泼洒活力菌，每亩每米水深 500 克。

④定期泼洒生石灰（每亩每米水深 8～10 千克）或溴氯海因（每亩每米水深 200 克）。

治疗方法：①每千克饲料中添加复方恩诺沙星 2 克＋土霉素 0.4～0.5 克，连续投喂 7～10 天为一疗程。

②发病池泼洒三氯异氯尿酸 0.2～0.3 毫克/升，隔天 1 次，连用 2～3 次。

八、软壳病

病原病因：①投饵不足，罗氏沼虾长期处于饥饿状态或营养长期不足。

②池水 pH 升高及有机质下降，使水体形成不溶性的磷酸钙沉淀，虾不能利用磷。

③换水量不足或长期不换水，导致池塘水质老化。

④有机磷杀虫剂抑制甲壳中几丁质的合成，从而引起罗氏沼虾的软壳病。

症状特征：患病虾的甲壳薄，明显变软，与肌肉分离，易剥离，活动缓慢，生长缓慢，体色发暗，常在池边慢游。

流行特点：①幼虾易感染；②全国各地均有流行。

危害情况：虾的生长速度受到影响，体长明显小于正常虾。

预防措施：①适当加大换水量，改善养殖水质。

②供应优质全价饲料，也可在饵料中添加藻类或卵磷脂、豆腐均可减少该病发生。

③施用复合芽孢杆菌 250 毫升/亩米，促进有益藻类的生长，并调节水体的酸碱度。

治疗方法：①全池泼洒池底改良活化素 20 千克/亩米。

②在饲料中添加鱼虾 5 号 0.1％、虾蟹脱壳素 0.1％、虾康宝 0.5％、Vc 脂 0.2％、营养素 0.8％，提高各种微量元素的含量。

③用 15 毫克/千克石灰水泼洒，提高水的 pH。

九、硬壳病

病原病因：可能由于营养不良，水草大量繁殖，水质中钙盐过高或池底水质不良，或疾病感染，附生藻类或纤毛虫等引起。

症状特征：全身甲壳变硬，有明显粗糙感，虾壳无光泽，呈黑褐色，生长停滞，有厌食现象。

流行特点：全国各地均有流行。

危害情况：轻者影响罗氏沼虾的蜕壳与生长，严重者可引起罗氏沼虾的死亡。

预防措施：①可在虾饵中添加蜕壳素来预防。

②换池或供应优质饲料及改善水质。

③当水质或池底不良时，应先大量换水或换池。

治疗方法：用浓度为 5 毫克/升的茶粕浸浴，再调节温度、盐度以刺激蜕壳。

十、固着类纤毛虫病

病原病因：患病的虾池水体富营养化，有机物多，导致原生动物固着类纤毛虫、聚缩虫、单缩虫、累枝虫和钟形虫大量繁殖，这些固着类纤毛虫寄生在罗氏沼虾身体上导致该病发生。

症状特征：纤毛虫主要寄生在罗氏沼虾的体表、鳃部和体表，患病虾看起来体表好像覆盖一层白色絮状物，或者是体外壳有绿色藻类包裹，病虾早晨浮于水面，反应迟钝，行动迟缓，离群独游，摄食不振，趋光性很差，极易沉底，镜检可见大量纤毛虫充塞于鳃丝之间，可使鳃变黑，鳃丝腐烂，严重影响鳃的呼吸功能，甚至坏死。

流行特点：①主要发生在水质不洁，含有机质多的水体中；②虾的越冬、育苗、养成中各阶段均可发生，尤其是在罗氏沼虾繁殖及育苗期最为常见；③全国各地均能发生此病。

危害情况：①少量寄生时，对虾影响不大，会导致罗氏沼虾体质变差；②大量寄生时，罗氏沼虾不摄食，不能顺利蜕壳，生长受阻，在罗氏沼虾蜕壳期间造成罗氏沼虾窒息而死亡；③溶氧不足时，30%～50%的虾体死亡由此病症引起。

预防措施：①彻底清塘消毒，杀灭池中的病原。

②经常更换池水，每次换水量在 1/6 左右，降低水的有机质含量，保持水质清新，促使虾蜕壳。

③合理投饵，提高罗氏沼虾的体质。在饲料中添加鱼虾 5 号 0.1%、虾蟹脱壳素 0.1%、虾康宝 0.5%、Vc 脂 0.2%，以利于蜕壳除掉纤毛虫。

④每半个月全池泼洒甲壳宁一次，每亩每米水深 150克，促进罗氏沼虾能快速蜕壳。

⑤在养殖过程中经常采用池底改良活化素、光合细菌、复合芽孢杆菌改善水质和底质。

治疗方法：①用硫酸铜、硫酸亚铁（5：2）0.7 毫克/升全池泼洒。

②用 3%～5% 的食盐水浸洗，3～5 天为一个疗程。

③用 25～30 毫克/升的甲醛溶液浸洗 4～6 小时，连续 2～3 次。

④用 20～30 毫克/升生石灰全池泼洒，连续 3 次，使池水透明度提高到 40 厘米以上。

⑤全池泼洒甲壳宁每亩每米水深 200 克，隔天再全池泼洒溴氯海因每亩每米水深 200 克一次，病情严重，隔天再用甲壳宁一次。

⑥用 1～2 毫克/升的高锰酸钾全池泼洒。用 0.4 毫克/升溴氯海因进行水体消毒。

⑦将患病的沼虾在 2 毫克/升醋酸溶液中药浴 1 分钟，大部分固着类纤毛虫即被杀死。

⑧戊二醛 2.5 毫克/升浸浴 6～8 小时也有较好疗效。

十一、水霉病

病原病因：当机体体质较弱，尤其是受伤后，受水霉侵袭而发病。

症状特征：初期在病虾尾部及附肢有不透明的白色小斑点，继而扩大，呈现出白色彩絮状物，严重时遍及全身，最后导致死亡。越冬的罗氏沼虾则多表现为尾扇和头胸甲出现溃疡性黑斑。在镜下可见菌丝体或孢子；取下病灶，在培养基上培养（25～30℃，48小时），有大量菌丝体长出。

流行特点：①水温在14℃左右时极易发生；②全国各地的罗氏沼虾养殖区均可能发生。

危害情况：主要危害虾苗和越冬的罗氏沼虾亲虾。

预防措施：池水先用0.5毫克/升三氯异氢尿酸消毒；坚持每天排污和换水。

治疗方法：0.5毫克/升二氧化氯全池泼洒，效果较好。

注意：虾苗一旦发病，因传染性强，病程短，应隔离抛弃病虾，如大部分虾苗染病，则全部抛弃。

十二、细菌性坏死症

病原病因：由细菌感染所引起，确切病因尚不清楚。

症状特征：发病初期病虾摄食减少，肠道无食，体色异常，呈蓝白色，体表及附肢有黏附物，出现黑色病灶，附肢变形。

流行特点：①育苗期间的罗氏沼虾亲虾易感染；②育苗期间的Ⅳ-Ⅴ期幼体易发病。

危害情况：有较强的传染性，发病快，死亡率可达100％。

预防措施：①罗氏沼虾的孵化用水应预先沉淀过滤并消毒。

②育苗期间定期用漂白粉1毫克/升全池泼洒消毒，每月2次。

治疗方法：发病池用三氯异氯尿酸泼洒，用量为0.2～0.3毫克/升，隔天1次，连用2～3次。

注意：三氯异氢尿酸用药时间应选择晴天的9～15时为宜，以避免傍晚用药，造成虾浮头。

十三、肌肉变白坏死病

病原病因：由于盐度过高，放养密度过大，温度过高，水质受污染，溶氧过低等不良的环境因子的刺激而引起。特别是以上因素突变时易发此病。

症状特征：起初只是尾部肌肉变白，而后虾体前部的肌肉也变白。患此病的沼虾，甲壳变软，生长慢，死亡率高。在盐度35‰的水中，肌肉变白后的仔虾，1天左右就死亡。病虾初期腹部1～6节出现轻度白浊，斑状，以后向背面扩伸，肌肉色泽混浊，肌肉细胞成批坏死。虾在死亡之前，活动减弱，摄食能力降低，肌肉松软，失去弹性，头胸部与腹部分离。

流行特点：①全国各地均能发生；②以雌虾患病居

多；③发生于虾苗淡化后至放养到池塘 3～5 周内；④个体较大的雄虾发生肌肉坏死病可能与年龄较大及生理因素有关。

危害情况：①主要危害罗氏沼虾的仔虾和稚虾。

②轻者阻碍生长，重者可引起罗氏沼虾的大批死亡。

③可在较短时间内大量死亡，特别是高密度育苗池内，死亡率达 40%～90%。

预防措施：①控制放养密度，定期泼洒生石灰。

②养殖池塘在高温季节要防止水温升高过快或突然变化，应经常换水，注入新水及增氧。

③平时加强水质管理，在发病初期要找出致病因子，迅速消除不良的环境因子，用光合细菌或复合芽孢杆菌调节水质，改善环境条件。

④从该病的流行规律看，带毒亲虾是病原的主要来源。因此选用不带病毒的种虾，选择没有发病史的养殖地区的罗氏沼虾作为亲虾，收购后精心培育。再辅以严格的消毒措施是切断病毒传播途径的有效的手段。

⑤许多苗种场的经验表明，严格的消毒措施是预防疾病的重要保证，特别是在疾病流行严重的地区，这种措施是保证苗场不被邻近发病场传染的关键。育苗车间的所有用具都应严格消毒，同时对于购买虾苗的客户应采取必要的措施，防止病原的传播。

治疗方法：①发病初期，每亩用硫酸铜和硫酸亚铁合剂（3∶1）200～250 克全池泼洒 1 次，同时投喂土霉素，用量为 500 毫克/千克饲料，并添加适量维生素 C 和维生素 E 投喂，连续投喂 3～5 天。

②全池泼洒二溴海因 0.3 毫克/升，病虾隔离饲养，注意环境的变化情况，尤其是水温的变化。

③内服鱼虾 5 号 0.1%、虾蟹脱壳素 0.1%、虾康宝 0.5%、Vc 脂 0.2%、抗病毒口服液 0.5%、营养素 0.8%。

十四、白虾病

病原病因：环境如水温变化过大或操作不当引起。

症状特征：初期只是头胸甲部分变白，以后白化部分逐渐扩展到整个头胸甲，表皮失去色素，外壳逐渐变软，中胸腺发生萎缩。

流行特点：发生在从养殖池塘挑选亲虾入室内越冬池不久。

危害情况：本病以雌虾患病居多，所以主要是危害雌虾。

预防措施：①挑选亲虾时要小心操作，环境变化不宜过大。

②投喂优质饲料，改善养殖环境。

治疗方法：①将病虾隔离饲养，加强培育，提高水温，促进亲虾蜕壳。

②每万尾苗每天用土霉素 2 克，并添加适量维生素 C 和维生素 E 投喂，连喂 5～7 天为一个疗程。

③使用中水菌毒双效宁 0.3 毫克/升全池泼洒，连用两次，同时在每千克饲料中添加复合维生素 C 和维生素 E 克，连用 5～7 天为一个疗程。

十五、白斑病

病原病因：引起该病的原因尚未查明，有认为是弧菌感染，有认为是真菌感染，也有认为是饵料霉变或缺乏维生素 C 引起的。

症状特征：病虾反应迟钝，不摄食；头胸甲壳上有明显的白色或暗蓝色圆点，严重时腹节甲壳也有白色斑点，头胸甲壳容易剥离、壳与真皮分离；肝胰脏肿大或萎缩，鳃丝发黄。发病后期行动呆滞，慢游或伏于池边，虾体皮下、甲壳及附肢都出现白色斑点。

流行特点：全年均可发病。

危害情况：①在几天内便可发生罗氏沼虾大量死亡。

②大虾死亡快。

③病虾多死于深水中。

预防措施：①内服药可用抗病毒、抗病菌类中西结合药物，以及增强免疫能力的保健品。

②种苗需经过病毒检测确定无毒后，才能进入养殖环境。

③投喂优质全价饲料，并在饲料中添加虾多维 0.5%、Vc 脂 0.2%、鱼虾 5 号 0.1%、抗病毒口服液 0.5%、虾康宝 0.5%。

④在养殖水体内使用生物制剂，如光合细菌、复合芽孢杆菌等。

⑤养殖季节内，每 15 天使用聚维酮碘 250 毫升/亩每米深。

防治方法：①每5～7天全池泼洒二溴海因0.2毫克/升。

②用0.1毫克/升亚甲基蓝与25毫克/升甲醛混合药浴，投药后第2天进行常规换水，池内要进行强烈充气，至药液呈现的绿色完全消失为止。

③在饵料中添加0.3%～0.4%水产专用维生素C投喂，10天为1个疗程。

十六、甲壳溃疡病

病原病因：虾体在运输过程中碰伤，池底恶化，水质不良导致溶藻弧菌、副溶血弧菌、气单胞菌等细菌大量繁殖引起。另外，养殖环境中的某些化学物质如重金属盐类等超标也会引起该病的发生。

症状特征：病虾甲壳表面被细菌破坏，患病初期，病虾的甲壳和尾部及步足上出现黑褐色溃疡，随着病情的发展，黑褐色斑块逐渐扩大，溃疡的中部凹陷，边缘呈白色，甚至侵蚀到几丁质以下的组织，褐斑大小不定，在虾体的各个部位都可发生，有时触须、尾扇、附肢也有褐斑或断裂，鳃丝变黑。

流行特点：①所有的罗氏沼虾都有可能感染；②甲壳溃疡病流行于世界各地，我国各养殖区均可见到；③多见于在水泥池中越冬的亲虾。

危害情况：①该病发病率、死亡率均很高；②轻者影响罗氏沼虾的蜕壳生长发育，严重时可导致罗氏沼虾大批死亡。

预防措施：①水泥越冬池要洗刷干净，并用浓度为15毫克/千克的漂白粉或生石灰浸泡消毒。

②尽量使虾体不受或少受外伤，改善水质条件，精心管理、喂养，提供足量的隐蔽物。为预防亲虾在越冬池中碰伤，最好在离池壁5～10厘米处设置一圈拦网。

③要选择体格健壮，体色正常，无伤、无附着物的亲虾、蟹入池越冬。

④亲虾饲养期间，要保持水质、饲料优良稳定。

⑤每隔100天左右，全池泼洒1次浓度为3～5毫克/千克的土霉素进行预防。

⑥室外土池饲养，经常换水可避免发生此病。

⑦加强水质管理，用池底改良活化素结合光合细菌或复合芽孢杆菌调节水质。

治疗方法：①在每千克饲料中添加0.5克土霉素投喂，连用2周为一个疗程。

②若养殖池水重金属离子含量超标，可在蓄水池中遍洒浓度为2～10毫克/千克的己二胺四乙酸钠盐。

③全池泼洒二溴海因0.3毫克/升或聚维酮碘溶液300毫升/亩米，同时内服鱼虾5号0.1%、虾蟹脱壳素0.1%、虾康宝0.5%、Vc脂0.2%、抗病毒口服液0.5%、营养素0.8%。

④每天按每千克饲料用5克鱼泰8号的量，拌饵投喂，连喂5～7天。

⑤外用药物的同时，在每千克的饲料中添加中水虾菌宁2～4克和中水虾宁20克，连喂5～7天为一疗程。

⑥用浓度为 20～25 毫克/升的福尔马林和浓度为 1～2.5 毫克/升的二溴海因混合后全池泼洒。

十七、烂尾病

病原病因：罗氏沼虾受极度刺激受伤或蜕壳时互相蚕食而被几丁质分解细菌感染。

症状特征：感染初期病虾的尾扇有水泡，导致虾体尾扇边缘溃烂，呈现出红色、坏死、残缺不全，重时整个尾扇都被噬掉，还表现有断须、断足。

流行特点：①全国各地的罗氏沼虾均发生此病。

②在虾蜕壳时更易发生。

危害情况：直接导致罗氏沼虾的死亡。预防措施：①合理放养，控制放养密度，调控好水源，合理投饲。

②生石灰 5～6 千克/亩，全池泼洒。

治疗方法：①全池泼洒二溴海因 0.3 毫克/升。

②每千克饲料中添加中水复合维生素 2 克，连用 5～7 天为一疗程。

③全池泼洒中水白浊红体宁 0.2 毫克/升，同时可在每千克饲料中添加中水复方恩诺沙星 2 克，连用 5～7 天为一疗程。

十八、亚硝酸盐中毒症

病原病因：养殖池中亚硝酸盐含量过高导致罗氏沼虾产生相应的病症。由于放养密度高，虾的排泄物、残饵量增加，常造成池水水质指标严重超标，特别是天气转暖时更易发生亚硝酸盐中毒。

症状特征：患病的罗氏沼虾主要表现为不摄食，空胃，游动缓慢，弹跳无力，似缺氧状态或聚集在池中央缓慢游动。病虾尾部、足部和触须发红，临死时体色逐渐变成青紫色，继而呈灰白色。

流行特点：①一般刚蜕壳的软壳虾较易中毒。②在水质混浊、透明度小、池底污染严重的池塘，特别是高密度养殖的高位池及精养池里极易发生。

危害情况：在罗氏沼虾蜕壳高峰期常出现急性死亡现象。

预防措施：①保持适宜的放养密度。②定期使用水质改良剂如沸石粉和有益微生物制剂如活力菌、亚硝酸盐降解剂等改良池水，降低水中有害物质的含量。

治疗方法：①全池泼洒亚硝酸盐降解剂，其用量为每亩每米水深 1～2 千克，3 天后亚硝酸盐可绝大部分被降解。②全池泼洒水质改良剂如沸石粉、麦饭石等，其用量为每亩每米水深 30～50 千克，可有效降低水中的氨氮、亚硝酸盐含量，同时每亩全池泼洒增氧宁 1～2 千克，增加水中的溶氧，可降低水中有毒因子的毒性。

十九、应激性反应

病原病因：由于养殖水体中各种理化因子突变，罗氏沼虾抗应激能力差，引起继发性细菌、病毒感染所致。

症状特征：罗氏沼虾会出现大量死亡，但基本没有什么明显的症状，仅仅表现为触须及尾扇的尖部变红，或有部分虾伴随鳃变黄、发黑等现象。

流行特点：①主要流行于高温多雨的夏、秋季。②常发生在气温突变、暴雨或大量排换水之后。③虾的规格大约在8～10厘米左右最易发生。

危害情况：在病情较轻时，会影响罗氏沼虾的摄食，造成生长不良，严重时会造成大量死亡。

预防措施：①养殖水体中经常每亩每米水深使用芽孢杆菌500克，既能降低水中的氨氮，调节水质，又可补充虾体内的各种微量元素，提高机体的抗病力。②常在饲料中添加0.1%～0.2%免疫多糖和高稳维生素C及FRC-Ⅱ型活力源添加剂，提高机体的免疫能力和抗病能力。③罗氏沼虾蜕壳的时候，全池泼洒高稳维生素C，其用量为每亩250克，可增强罗氏沼虾的抗应激能力，促进虾的生长。④暴风雨到来之前，可全池泼洒溴氯海因每亩每米水深200～250克。

治疗方法：第一天上午全池泼洒亚硝酸降解剂每亩每米水深1～2千克，下午全池泼双季胺碘每米水深100毫升和泼洒型维生素C每亩250克，连泼两天，一天一次；第四天再全池泼洒二溴海因每亩每米水深200克。同时每千克饲料中添加中水维生素C和维生素E 2克＋复方恩诺沙星1～2克，连投5～7天。

二十、偷死病

病原病因：养殖过程中，随着养殖密度的增大，水质状况恶化，罗氏沼虾的排泄物、残饵、池内有机物等在异养性细菌的作用下，蛋白质及核酸会慢慢分解，产生大量的氨等含氮有害物质。而氨在亚硝化菌或光合细菌的作用下又转化成亚硝酸，亚硝酸与一些金属离子结合以后可形成亚硝酸盐，而亚硝酸盐又可以和胺类物质结合形成具有强烈致癌作用的亚硝胺，从而造成罗氏沼虾抗病能力急剧下降，进而中毒死亡。

症状特征：由于绝大部分虾死在池底，平时不易察觉，故有些虾农也称之为"偷死病"。死虾肉眼观察无明显的症状，部分死虾可见黄鳃或黑鳃，鳃部肿胀，罗氏沼虾肝脏及鳃部出现异变如空泡化，有时可见软壳红体症状，容易误诊为红体病。

流行特点：①发生罗氏沼虾偷死现象的池塘水质指标中的亚硝酸氮普遍偏高，通常淡水或咸淡水池塘，其亚硝酸氮高于 0.5 毫克/升时，即可发现"死底"现象；而盐度高的水体，其亚硝酸氮高于 1.0 毫克/升时会发现"死底"现象。

②主要发生在罗氏沼虾生长的中后期，而且高密度养殖的虾塘更易发生，一般在池水富营养化且水质变坏时容易发生。

③通常在水温达 28℃以上发生。

④发病罗氏沼虾规格在 80～120 只/千克。

⑤罗氏沼虾蜕壳时为死亡的高峰期。尤其是在天气高温或下雨后出现应激，造成集中蜕壳。此时罗氏沼虾的体质差，再加上环境中有刺激因子，极易发生该病。

危害情况：这是罗氏沼虾养殖近十来年来发生的新

病，危害特别严重。发病初期，一般每天在池底可发现1～2千克/池，若不加以控制，死亡现象会持续下去，直到收虾季节，甚至绝收。

预防措施：①加强水质管理，保持水质稳定：根据罗氏沼虾的水质要求，养殖期间应始终保持良好的水质。尤其到了高温夏天，罗氏沼虾生长快，摄食量大，排泄物多，水质易恶化，水色易变浓。因此，应坚持每天凌晨、中午开机增氧2～3小时。如遇到低压闷热天气，应延长增氧时间。同时，要根据水质变化勤换新水，换水坚持少量多次，每星期最好换掉池水的1/3，然后再提高池塘水位，保持在2.0米以上。

②适时泼洒芽孢杆菌、EM菌或硝化细菌：通常在罗氏沼虾放苗开始养殖40天后，每隔15～20天施用0.2～0.3毫克/升芽孢杆菌或1.0～1.5毫克/升EM菌等来改善水质，先迅速降低氨氮，以免水体中的氨氮含量过高后，促使亚硝酸盐的积累和加重其毒性，从而引发"死底症"的发生。

③轮捕疏养，保持合理的载虾密度：一般罗氏沼虾经70～80天的养殖，规格达到60～90尾/千克时即可捕大留小，及时将达到商品规格的罗氏沼虾捕捞上市，以池内合理的载虾密度。这样既可提早上市，又能节约饲料，并为存塘罗氏沼虾提供更多的生存空间，也有助于改善水质，促进罗氏沼虾快速生长。

治疗方法：①向养殖水体泼洒固体过氧化氢，其用量为每亩水体泼洒0.5～1千克，降低亚硝酸氮对于罗氏沼虾的危害，暂时减少"死底"现象的规模发生。

②全池泼洒活性炭的方法，用量是 2 毫克/升，进行暂时控制死底现象发展。

二十一、缺氧

病原病因：由于养殖密度过大、投饵施肥较多、长期未换水或气候变化等多种原因，另外罗氏沼虾和浮游生物、底栖动物、好气性细菌等呼吸都需要氧，同时它们排泄的粪便、未吃完的残饵和其他有机物质的分解过程中也要消耗大量的氧，这样就造成水中溶氧量不足。

还有一种原因是我们平时不太注意的，就是水质恶化，或施用了大量未经发酵的有机肥。或池底淤泥太多，水质过肥，或因夏季水温较高，遇到暴雨和降温，使表层水温急剧下降，温度低的水比重较大会下沉，而下层水因温度高比重小而上浮，形成上下水层的急速对流。上层溶氧高的水下沉后即被下层水中有机物消耗，下层的低溶氧水升到上层后，溶氧又得不到及时的补充，使整个水体上下层的溶氧都大量减少，这样就会引起罗氏沼虾缺氧浮头。

症状特征：罗氏沼虾被迫浮于水面，爬到草头或在岸边，这种现象叫浮头。水体中缺氧不严重时，罗氏沼虾遇惊动立即潜入水中；若水质恶化，导致缺氧严重时，罗氏沼虾受惊也不会下沉。当水中溶氧降至不能满足罗氏沼虾的最低生理需要量时，就会造成泛池，罗氏沼虾和其他水生动物就会因窒息而死。泛池将会给渔业生产造成毁灭性的损失，所以日常管理中应防止罗氏沼虾浮头和泛池。

流行特点：①夏季易发生，尤其是阴雨天的早晨更容易发生。

②浮头、泛池多发生在密养条件下。

危害情况：①饲养水体中长期或经常处于低溶氧状态，罗氏沼虾即使不死亡，也会影响其生长发育。

②如果长期管理不善，因浮头而死亡所造成的损失，往往较其他虾病的损失更大。

预防措施：①定期换冲水，清除残饵。

②饲养中严格控制罗氏沼虾的放养密度，尽量稀养。

③合理开动增氧机进行机械增氧。具体措施：一是晴天中午开增氧机 2 小时左右，给下层水增氧，不仅能防止夜间浮头，而且能降低饵料系数，促进生长。二是高温天气要每天半夜开机防止浮头，特别是凌晨太阳出来之前也须开增氧机。三是要储备足量的化学增氧剂，作应急之用。四是雨天不需要开增氧机，但阴天要整天开机。五是晴天傍晚禁止开增氧机，禁止给池塘注水。

④加强预测和观察。预测罗氏沼虾浮头的方法有很多，一般是从日常管理中，加强巡塘即能及时发现，避免损失。巡塘工作是整个养虾过程中不可缺少的，高温期间巡塘更须认真仔细。

可以根据季节预测：一般在 4～5 月份，水质转肥后容易发生浮头，夏季水温较高、冬季连续晴天突遇寒潮降温也易发生浮头。

　　根据气候情况预测：天气闷热、大气压低时容易浮头。特别是在高温时期，常常伴阴雨天或雷阵雨时、无风或天气突然转阴时也易浮头。要加强巡塘，根据情况适当增加巡塘次数，谨防浮头、泛塘。

　　根据水的颜色预测：经常观察水体的颜色变化检查虾池的透明度等，一旦发现池水不清爽，水色变浓混浊，透明度小，水面出现气泡和泡沫，水温较高，水体中大量的有机物分解，产生有毒气体，或者水体中的浮游生物大量死亡腐烂，在这些情况下最容易引起罗氏沼虾的严重浮头甚至泛池。

　　还可以根据罗氏沼虾的吃食情况和活动情况预测：如果罗氏沼虾的吃食量突然减少，又无疾病，而且发现游边或"转池"时，就要立即查找原因，是否水体 pH 过高、水体变化太大、有寄生虫附着等，如果排除了其他的可能，那么说明就是水质已开始恶化，水中缺氧，罗氏沼虾将发生浮头。巡塘工作中，还应加强夜间的观察，因夜间池水的溶氧量较低。

　　⑤及时清除淤泥，每年春天清塘时应清除池底过多的淤泥（只保留 10～20 厘米），就是应首先注意的一条措施。

　　⑥可定期施用生石灰、改良水质条件，同时追施化肥，增养浮游植物，增加氧的生产量。

　　治疗方法：①遇到天气闷热，发生突然变化时，应减少投饵量，并适时加注新水或开动气泵，利用增氧机对池水进行快速增氧，这也是解救罗氏沼虾浮头的有效措施。

②罗氏沼虾发生浮头时要马上采取积极有效的增氧措施。如果有多口池塘出现浮头时，要先判断也每口虾塘浮头的严重程度，首先解救浮头较严重的池塘，然后再解救浮头较轻的池塘。从发生浮头到严重浮头的间隔时间与当时的水温有密切的关系。水温越高，间隔的时间越短，水温越低，间隔的时间越长。一旦观察到罗氏沼虾已有轻微浮头时，应利用这段时间尽快采取增氧措施。用水泵抽水，使相邻两口虾池的水形成对流循环。将水从一口虾池抽入另一口虾池中，同时在池埂上开一个小缺口，当相邻虾池的水位升高后双会流回原池中。这种循环活水的增氧方式操作方便，效果也不错。

③常注入部分新水，排除部分老水，这种方法最为有效。

④如果水源不方便，又无增氧设施，可施过氧化钙、过氧化氢等化学增氧剂进行增氧。如无化学增氧剂，可向池水中泼洒黄泥食盐水：每亩池塘用黄泥 10 千克，加水调成泥浆，再加适量食盐，拌匀后全池泼洒。这种方法也有一定的效果。

⑤若发生泛池死虾现象，不要急于捞死虾，以免其他罗氏沼虾受惊挣扎窜游，增大耗氧量，加速死亡。

二十二、营养缺乏症

病原病因：饲料单一，营养不全面，饲料中脂肪氧化生成过氧化物，必需氨基酸长期缺乏或由于长期投喂不新鲜的饵料所致，连续摄食引起罗氏沼虾肝脏代谢障碍所致。

症状特征：病虾游动缓慢，体色暗淡，食欲不振，生长缓慢，若遇到外界刺激，如水质突变、降温、拉网等刺激，则应激能力差，会发生大批死亡。生长缓慢，经检查无寄生虫和细菌病，可确定为营养性疾病。

流行特点：①一年四季均可发生。

②饲料中缺乏维生素而造成的体表组织损伤，继发细菌感染导致溃疡。

危害情况：①可以危害所有的罗氏沼虾。

②情况严重时可导致罗氏沼虾死亡。

预防措施：①平时加强注意保鲜，避免使用腐败变质或新鲜度差的饵料。

②使用优质、配方合理的饲料。

治疗方法：①使用脂肪含量高的饲料，并添加维生素 C 和 B 族维生素。

②在饲料中添加 DL-蛋氨酸，混饲，添加量 15～60 毫克/千克体重（即 0.5～2 克/千克饲料）。

③在饲料中添加 L-赖氨酸盐酸盐，混饲，添加量 30～150 毫克/千克体重（即 1～5 克/千克饲料）。

④在饲料中添加色氨酸，混饲，添加量 15～60 毫克/千克体重（即 0.5～2 克/千克饲料）。

⑤在饲料中添加苏氨酸，混饲，添加量 6～600 毫克/千克体重（即 0.2～20 克/千克饲料）。

二十三、肝胰萎瘪症

病原病因：水体中含有超量的有机磷农药或饲料中也含有一定量的有机磷农药，微量的农药在肝胰脏中积累，使肝脂肪变性、坏死。

症状特征：病虾外观无异，但生长受阻或死亡，剥离头胸甲，可见肝胰脏萎缩。

流行特点：主要在罗氏沼虾成虾塘中发生。

危害情况：发病较少，但一旦发病，可造成批量死亡。

预防措施：①平时加强注意保鲜，避免使用腐败变质或新鲜度差的饵料。

②加强饲养管理，避免养殖水体受到有机磷农药的污染，不投喂被农药污染的饲料。

治疗方法：①在饲料中添加 DL-蛋氨酸，混饲，添加量 15～60 毫克/千克体重（即 0.5～2 克/千克饲料）。

②在饲料中添加色氨酸，混饲，添加量 15～60 毫克/千克体重（即 0.5～2 克/千克饲料）。

二十四、敌害类

在罗氏沼虾养殖中，敌害类也是我们必须预防的很重要的一类病害，这是因为一部分敌害是疾病的传播源，另一部分敌害是其他寄生虫病的中间寄主，而更重要的则是许多敌害本身就对养殖罗氏沼虾造成巨大的危害，例如吞噬虾苗等，因此是水产养殖上必须清除的对象。

1. 甲虫

甲虫种类较多，其中较大型的体长达 40 毫米，常在水边泥土内筑巢栖息，白天隐居于巢内，夜晚或黄昏活动觅食，常捕食大量幼虾。

防治方法：生石灰清塘，以水深 1 米计每亩水面施生石灰 75～100 千克，溶水全池泼洒。

2. 水螅

水螅是淡水中常见的一种腔肠动物，一般附着于池底石头、水草、树根或其他物体上，在其繁殖旺期大量吞食幼虾，对罗氏沼虾生产危害极大。

防治方法：清除池水中水草、树根、石头及其他杂物，不让水螅有栖息场所无法生存；

3. 水蜈蚣

水蜈蚣又称马夹子，是龙虱的幼虫，5～6 月份大量繁殖时，对幼虾危害很大。

防治方法：①生石灰清池，以水深 1 米计亩水面施生石灰 75～100 千克，溶水全池泼洒。

②灯光诱杀：用竹木搭或方形、三角形框架，框内放置少量煤油，天黑时点燃油灯或电灯，水蜈蚣则趋光而至，接触煤油后会窒息而亡。

4. 大型藻类

水网藻常生长于有机物丰富的肥水中的一种绿藻，在春夏大量繁殖时既消耗池中大量的养分，又常缠住幼虾，危害极大。青泥苔属丝状绿藻，消耗池中的大量养分使水质变瘦，影响浮游生物的正常繁殖。而当青泥苔大量繁殖时严重影响幼虾活动，常缠绕幼虾而导致死亡。

防治方法：①生石灰清塘；②大量繁殖时全池泼洒0.7～1毫克/升硫酸铜溶液，用80毫克/升的生石膏粉分三次全池泼洒，每次间隔时间3～4天，放药在下午喂虾后进行，放药后注水10～20厘米效果更好。此法不会使池水变瘦，也不会造成缺氧，半月内可全杀灭青苔。③投放虾苗前每亩水面用50千克草木灰撒在青泥苔上，使其不能进行光合作用而大量死亡。

图书购买或征订方式

关注官方微信和微博可有机会获得免费赠书

 淘宝店购买方式：
直接搜索淘宝店名：**科学技术文献出版社**

 微信购买方式：
直接搜索微信公众号：**科学技术文献出版社**

 重点书书讯可关注官方微博：
微博名称：**科学技术文献出版社**

 电话邮购方式：
联系人：王　静
电话：010-58882873，13811210803
邮箱：3081881659@qq.com
QQ：3081881659

汇款方式：
户　名：科学技术文献出版社
开户行：工行公主坟支行
帐　号：0200004609014463033